高职高专"十三五"规划教材

辽宁省能源装备智能制造高水平特色专业群建设成果系列教材

王 辉 主编

C#程序设计教程

高 建 魏孔鹏 郑黎明 主编

U0367112

化学工业出版社

北京

内 容 提 要

《C# 程序设计教程》采用模块化结合任务驱动、案例教学的编写方式，将企业的真实项目引入课堂中，内容覆盖面较广，包括 7 个项目，方便学习者实践开发。主要内容有：第一个 C# 应用程序开发、Console 程序开发、面向对象程序开发、WinForm 应用程序开发、数据库技术、C# Socket 网络编程、三层架构应用。本书配有大量的练习题及实验项目，有利于读者自学实操。

《C# 程序设计教程》适用于高职高专计算机类、物联网应用技术等专业师生教学使用，也可供程序设计初学者和爱好者学习参考。

图书在版编目（CIP）数据

C# 程序设计教程/高建，魏孔鹏，郑黎明主编. —北京：化学工业出版社，2020.9（2023.9重印）

高职高专"十三五"规划教材　辽宁省能源装备智能制造高水平特色专业群建设成果系列教材

ISBN 978-7-122-37359-5

Ⅰ.①C… Ⅱ.①高…②魏…③郑… Ⅲ.①C 语言-程序设计-高等职业教育-教材 Ⅳ.①TP312.8

中国版本图书馆 CIP 数据核字（2020）第 121931 号

责任编辑：刘丽菲　　　　　　　　　　装帧设计：张　辉
责任校对：张雨彤

出版发行：化学工业出版社（北京市东城区青年湖南街 13 号　邮政编码 100011）
印　　装：北京天宇星印刷厂
787mm×1092mm　1/16　印张 15½　字数 387 千字　2023 年 9 月北京第 1 版第 2 次印刷

购书咨询：010-64518888　　　　　　售后服务：010-64518899
网　　址：http://www.cip.com.cn
凡购买本书，如有缺损质量问题，本社销售中心负责调换。

定　　价：45.00 元　　　　　　　　　　　　　　　版权所有　违者必究

辽宁省能源装备智能制造高水平特色专业群建设成果系列教材编写人员

主　　编：王　辉

副主编：段艳超　孙　伟　尤建祥

编　　委：孙宏伟　李树波　魏孔鹏　张洪雷

　　　　　张　慧　黄清学　张忠哲　高　建

　　　　　李正任　陈　军　李金良　刘　馥

C# 是一种优秀的面向对象语言，是 .NET 平台上最简单、方便的程序设计语言，它继承了 Java 和 C++ 等语言的优点，具有封装、继承和多态等特性，而且还增加了索引器、委托、事件等创新元素，广泛应用于桌面系统开发、Web 应用开发、数据库应用开发、网络应用开发等多个领域，是目前主流的程序设计语言和开发工具。

C# 的基本语法与传统语言 C、C++、Java 有很多相似性，初学者比较容易入门，而且使用功能强大的 Visual Studio 集成开发工具可以进行快速应用开发，因此 C# 作为程序设计的入门语言是一种很好的选择。

本书针对初学者编写，案例丰富、语言简洁、操作过程详细，配有大量的练习题及实验项目，指导读者完成理论学习及实操练习。

本书主要有以下项目：

项目一：第一个 C# 应用程序开发。对 C# 进行了简要介绍，指导读者安装 Visual Studio 2015，并开发第一个 C# 应用程序。

项目二：Console 程序开发。通过对数据类型、变量、常量等技术的学习，指导读者开发 Console 应用程序。

项目三：面向对象程序开发。着重讲解 C# 的语言机制，如类的封装与继承、类型转换等知识点。

项目四：Winform 应用程序开发。通过创建新的 Windows 窗口应用程序及相关控件的使用，让读者熟练使用 Visual Studio 2015 集成开发环境，学会如何使用菜单、工具栏、状态栏等。

项目五：数据库技术。通过对数据库 SQL Server 2008 的学习，使读者能对数据库的创建、修改，表的新建、修改，表中数据的增、改、删、查进行熟练操作。

项目六：C# Socket 网络编程。通过对 Socket 网络编程的学习，使读者能够对网络应用进行程序设计。

项目七：三层架构应用。ASP.NET 网站开发，结合数据库技术，运用三层架构模式，掌握 C# 面向对象的程序设计。

本教材由盘锦职业技术学院高建、魏孔鹏、郑黎明担任主编，佟宏博、丑鑫、李啸龙参与部分内容编写及相关程序设计开发。项目一、项目四、项目六由高建负责编写；项目二、项目三由魏孔鹏负责编写；项目五、项目七由郑黎明负责编写。

编写团队在过去的一年多时间里付出了辛勤的汗水，但由于编者们水平有限，书中不妥之处在所难免，欢迎各位专家和读者朋友们提出修改意见，我们不胜感激！

编者

2020 年 6 月

CONTENTS
目录

项目一
第一个 C# 应用程序开发

/

001

项目二
Console 程序开发

/

024

项目三
面向对象程序开发

/

058

项目四
WinForm 应用程序开发

/

088

CONTENTS

目录

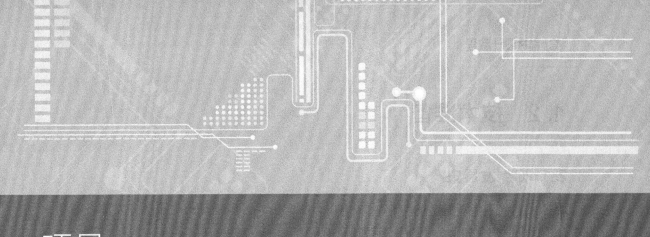

项目一
第一个 C#应用程序开发

【项目背景】 随着网络的发展和技术的进步，"互联网＋"跨界融合产业与 IT 技术的深入融合，各种编程语言应运而生。C# 是一种安全的、稳定的、简单的、优雅的，由 C 和 C＋＋衍生出来的面向对象的编程语言。它在继承 C 和 C＋＋强大功能的同时去掉了一些它们的复杂特性（例如没有宏以及不允许多重继承）。C# 综合了 VB 简单的可视化操作和 C＋＋的高运行效率，以其强大的操作能力、优雅的语法风格、创新的语言特性和便捷的面向组件编程的支持，成为 .NET 开发的首选语言。

下面学习通过 C# 的输出功能向用户问好，在控制台中输出"Hello World"。

1.1 任务目标

1.1.1 安装 C# 开发环境

在开发 C# 应用程序之前，我们需要先安装 C# 的开发工具 Visual Studio 2015。Visual Studio 2015 是一套基于组件的软件开发工具，可用于构建功能强大、性能出众的应用程序。我们将在 Windows 10 环境下，首次安装 Visual Studio 2015。

1.1.2 开发第一个应用程序（Hello World）

利用 Visual Studio 2015 开发控制台应用程序，在控制台的窗口中输出问候语"Hello World"。

1.2 技术准备

1.2.1 C# 发展史

C#，读作 C Sharp，是微软公司 2000 年 6 月在奥兰多举行的"职业开发人员技术大会"上发布的一种安全、稳定、简单、运行于 .NET Framework 之上、面向对象的编程语言。

它由 C 语言和 C++ 衍生而来，继承了 C 语言和 C++ 强大的功能，同时去除了一些它们的复杂特性。

微软为什么要开发 C#？

1995 年，Sun 公司正式推出了面向对象的开发语言 Java，并提出了跨平台、跨语言的概念后，Java 就逐渐成为企业级应用系统开发的首选工具，而且使得越来越多的从事基于 C 或 C++ 的应用开发人员转向了 Java 的应用开发。Java 的先进思想使其在软件开发领域的应用越来越广泛。

很快，在众多研发人员的努力下，微软也推出了基于 Java 语言的编译器 Visual J++，Visual J++ 在很短的时间里由 1.1 版本升到了 6.0 版本。这不仅仅是数字上的变化，集成在 Visual Studio 6.0 中的 Visual J++ 6.0 已经有了质的变化，不但虚拟机（JVM）的运行速度大大加快，而且增加了许多新特性，同时支持调用 Windows API。这些特性使得 Visual J++ 成为强有力的 Windows 应用开发平台，并成为业界公认的优秀的 Java 编译器。

不可否认，Visual J++ 具有强大的开发功能，但其主要运用在 Windows 平台的系统开发中。微软另辟蹊径，推出其进军互联网的庞大计划——.NET 计划和该计划中旗帜性的开发语言——C#。

微软的 .NET 是一项非常庞大的计划，Visual Studio.NET 是微软 .NET 的技术开发平台，而 C# 就集成在 Visual Studio.NET 中。

为了支持 .NET 平台，Visual Studio.NET 在原来的 Visual Studio 6.0 的基础上进行了极大的修改和变更。在 Visual Studio.NET β 版中 Visual J++ 消失了，取而代之的是 C# 语言。

2002 年，微软公司推出了以 .NET Framework 为基础的 Visual Studio.NET 集成开发环境，进一步整合了 VB.NET、VCH+.NET、VC#.NET 和 VJ♯.NET 等开发环境，开发人员可以随意选择 Visual Studio.NET 支持的语言进行开发，其源代码都会通过公共语言运行库转换成统一的中间语言，这使得采用一种语言开发的组件可以被其他语言所调用。

C# 各个版本特点简介。

（1）C# 1.0 版

和 Visual Studio.NET 2002 一起发布的 C# 1.0 版非常像 Java。在欧洲计算机制造商协会（ECMA）制定的设计目标中，它旨在成为一种"简单、现代、面向对象的常规用途语言"。当时，它和 Java 类似，说明已经实现了上述早期设计目标。

与现在的 C# 相比，C# 1.0 版少了很多功能，代码也很冗长。在 Windows 平台上，C# 1.0 版是 Java 的一个可行的替代之选。

C# 1.0 的主要功能包括：类；结构；接口；事件；属性；委托；表达式；语句；特性。

（2）C# 2.0 版

C# 2.0（2005 年发布）和 Visual Studio 2005 中的一些主要功能：泛型；分部类型；匿名方法；可以为 Null 的类型；迭代器；协变和逆变；getter/setter 单独可访问性；方法组转换（委托）；静态类；委托推断。

通过泛型、类型和方法可以操作任意类型，同时保持类型安全性。例如，通过 List〈T〉，将获得 List〈string〉或 List〈int〉，并且可以对这些字符串或整数执行类型安全操作，同时对其进行循环访问。使用泛型优于创建派生自 ArrayList 的 List〈int〉或者从每个操作的 Object 强制转换。

C# 2.0 版引入了迭代器。简单来说，迭代器允许使用 foreach 循环来检查 List（或其他可枚举类型）中的所有项。拥有迭代器显著提升了语言的可读性以及人们推出代码的能力。

（3）C# 3.0 版

C# 3.0 版和 Visual Studio 2008 一起发布于 2007 年下半年，但完整的语言功能是在 .NET Framework 3.5 版中发布的。此版本标示着 C# 成为了真正强大的编程语言。主要功能有：自动实现的属性；匿名类型；查询表达式；Lambda 表达式；表达式树；扩展方法；隐式类型本地变量；分部方法；对象和集合初始值设定项。

C# 3.0 版的杀手锏是查询表达式，也就是语言集成查询（LINQ）。

LINQ 的构造可以建立在更细微的视图检查表达式树、Lambda 表达式以及匿名类型的基础上。不过无论如何 C# 3.0 都提出了革命性的概念。C# 3.0 开始为 C# 转变为面向对象/函数式的混合语言打下基础。

具体来说，C# 3.0 版可以编写 SQL 样式的声明性查询对集合以及其他项目执行操作，无须再编写 for 循环来计算整数列表的平均值，可改用简单的 list.Average（　）方法。组合使用查询表达式和扩展方法让各种数字变得智能多了。

（4）C# 4.0 版

C# 4.0 版随 Visual Studio 2010 一起发布，很快成为一种简洁精练的语言。

主要功能有：动态绑定；命名参数/可选参数；泛型协变和逆变；嵌入的互操作类型。

嵌入的互操作类型缓和了部署难点。泛型协变和逆变提供了更强的功能来使用泛型，但风格比较偏学术，最受框架和库创建者的喜爱。命名参数和可选参数帮助消除了很多方法重载，让使用更方便。但是这些功能都没有完全改变模式。

在 C# 4.0 版中还引入 dynamic 关键字，让用户可以替代编译时类型上的编译器。通过使用 dynamic 关键字，可以创建和动态类型语言（例如 JavaScript）类似的构造。

动态绑定存在出错的可能性，不过同时也为用户提供了强大的语言功能。

（5）C# 5.0 版

C# 5.0 版随 Visual Studio 2012 一起发布，对此版本中所做的几乎所有工作都被归入另一个突破性语言概念：适用于异步编程的 async 和 await 模型。主要功能：异步成员；调用方信息特性。

调用方信息特性让用户可以轻松检索上下文的信息，不需要采用大量样本反射代码。这在诊断和日志记录任务中也很有用。

async 和 await 才是此版本真正的主角。C# 在 2012 年推出这些功能时，将异步引入语言作为最重要的组成部分。如果用户以前处理过冗长的运行操作以及实现回调的 Web，这项语言功能会有所改善。

（6）C# 6.0 版

C# 在 3.0 版和 5.0 版对面向对象的语言添加了主要的新功能。6.0 版随 Visual Studio 2015 一起发布，该版本不再推出主导性的杀手锏，而是发布了很多使得 C# 编程更有效率的小功能。部分功能：静态导入；异常筛选器；自动属性初始化表达式；Expression bodied 成员；Null 传播器；字符串内插；nameof 运算符；索引初始值设定项；Catch/Finally 块中的 await；仅限 getter 属性的默认值。

在此版本中，C# 消除了语言样本，让代码更简洁且更具可读性。

（7）C# 7.0 版

随 Visual Studio 2017 一起发布的 C# 7.0 版是最新的主版本。虽然该版本继承和发展了 C# 6.0，但不包含编译器即服务。部分新增功能：out 变量；元组和析构函数；模式匹配；本地函数；已扩展 Expression bodied 成员；ref 局部变量和返回结果；弃元；二进制文本和数字分隔符；引发表达式。

这些功能使代码更简洁，重点是缩减了使用 out 关键字的变量声明，并通过元组实现了多个返回值。

C# 的用途更加广泛了。.NET Core 现在面向所有操作系统，着眼于云和可移植性。

1.2.2　C# 语言的特点

C# 语言相对 C++语言而言，简单易学、容易入门。相对于其他常用编程语言，C# 的特点可概括如下。

（1）简洁

在 C# 中，没有 C++中流行的指针。默认用户工作在受管理的代码中，在那里不允许如直接存取内存等不安全的操作。

与指针"戏剧性"密切相关的是"愚蠢的"操作。在 C++中，有"::""."和"->"操作符，它们用于名字空间、成员和引用。对于新手来说，操作符至今仍是学习的一道难关。C# 弃用其他操作符，仅使用单个操作符"."，一个程序员所需要理解的就是嵌套名字的注解。

C# 同时也解决了存在于 C++中已经有些年头的多余东西，如常数预定义、不同字符类型等。

（2）面向对象的设计

C# 语言支持面向对象的所有关键特性，如封装、继承和多态等，是真正纯粹的面向对象的编程语言。

在 C# 的类型系统中，每种类型都可以看作一个对象。C# 提供了一个叫作装箱（boxing）与拆箱（unboxing）的机制来完成这种操作，而不给使用者带来麻烦。

C# 只允许单继承，即一个类不会有多个基类，从而避免了类型定义的混乱。在后面的学习中会发现，C# 中没有了全局函数，没有了全局变量，也没有了全局常数。一切都必须封装在一个类之中。代码将具有更好的可读性，并且减少了发生命名冲突的可能。

（3）与 Web 紧密结合

.NET 中新的应用程序开发模型意味着越来越多的解决方案需要与 Web 标准相统一，例如超文本标记语言（hypertext markup language，HTML）和 XML。由于历史的原因，现存的一些开发工具不能与 Web 紧密结合。SOAP 的使用使得 C# 克服了这一缺陷，大规模深层次的分布式开发从此成为可能。

由于有了 Web 服务框架的帮助，对程序员来说，网络服务看起来就像是 C# 的本地对象。程序员们能够利用他们已有的面向对象的知识与技巧开发 Web 服务。仅使用简单的 C# 语言结构，C# 组件就能够方便地为 Web 服务，并允许它们通过 Internet 被运行在任何操作系统上的任何语言所调用。举个例子，XML 已经成为网络中数据结构传递的标准，为了提高效率，C# 允许直接将 XML 数据映射成为结构。这样就可以有效地处理各种数据。

（4）安全性

语言的安全性与错误处理能力，是衡量一种语言是否优秀的重要依据。任何人都会犯错误，即使是最熟练的程序员也不例外：忘记变量的初始化，对不属于自己管理范围的内存空间进行修改等。这些错误常常会产生难以预见的后果。一旦这样的软件被投入使用，寻找与改正这些简单错误的代价是让人无法承受的。C# 的先进设计思想可以消除软件开发中的许多常见错误，并提供了包括类型安全在内的完整的安全性能。为了减少开发中的错误，C# 会帮助开发者通过更少的代码完成相同的功能，这不但减轻了编程人员的工作量，同时更有效地避免了错误的发生。

（5）良好的兼容性

C# 语言凭借 .NET Framework 平台对 COM＋组件、XML Web 服务和 MSMQ 服务的支持，能够跨语言、跨平台交互操作，实现不同软件技术开发的组件之间以及组件之间跨互联网的调用。作为 .NET Framework 的首推语言，C# 在很大程度上保持了对外界技术的兼容。

（6）支持快速开发

C# 语言增强了开发效率，借助 Visual Studio 可以通过拖放的形式自由添加组件并生成相应的代码。而自动生成的代码和手动添加的代码又相隔离，便于程序员检查自己的设计。

（7）面向组件的开发

面向组件的设计方法是继面向对象的设计方法之后又一流行的趋势。在 C# 语言中，组件可以在开发中直接使用，也可以通过调用对象所提供的方法来进行操作。数据访问组件是 C# 语言中最具特色的组件。

总之，C# 语言简单实用、易于入门，特别是熟悉 C 或 C++或 Java 等类似语言的开发者，更可以很快转向 C# 程序开发。

1.2.3 .NET Framework 平台简介

.NET Framework 是采用系统虚拟机运行的编程平台，以通用语言运行库（common language runtime）为基础，支持多语言的开发。.NET 也为应用程序接口提供了新功能和开发工具，这个革新使程序员可以同时进行 Windows 应用软件和网络应用软件以及组件和服务（Web 服务）的开发。

一般而言，可以将.NET Framework 的技术分为规范和实现两部分。其中实现部分包括被人所熟知的公共语言运行库（CLR）和.NET 框架类库（FCL）；而规范即公共语言架构（CLI）包括通用类型系统（common type system，CTS）、公共语言规范（common language specification，CLS）、通用中间语言（common intermediate language，CIL；以前也称为 MSIL）。

CLR 和 Java 虚拟机一样也是一个运行时环境，它负责资源管理内存分配（类型的内存分配）和垃圾回收（GC），并保证应用和底层操作系统之间的必要分离。其核心功能包括：内存管理、程序集加载、安全性、异常处理和线程同步。

FCL 为.NET Framework 两个核心组件之一。FCL 集合了上千组可再利用的类、接口和值类型。BCL（base class libraries）是 FCL 的一部分，提供了多数的基础功能，其中包括 namespaces system、System. CodeDom、System. Collections、System. Diagnostics、System. Globalization、System IO、System. Resources、System. Text 和 System. Text. RegularExpressions 的类。

CTS 定义了如何在运行库中声明、使用和管理类型，同时在运行库下支持各语言之间进行交互操作。例如 CTS 定义了在 MSIL 中使用的预定义类型，.NET 语言将代码解释成中间语言，其原理是.NET 编译器是遵循 CLS 的。

CLS 和通用类型系统一起确保语言的互操作性。

CIL 是一种属于通用语言框架和.NET 框架的低阶的可读的编程语言。

1.2.4　Visual Studio 2015 的集成开发环境

Microsoft Visual Studio（简称 VS）是美国微软公司的开发工具包系列产品。VS 是一个基本完整的开发工具集，它包括了整个软件生命周期中所需要的大部分工具，如 UML 工具、代码管控工具、集成开发环境（IDE）等。所写的目标代码适用于微软支持的所有平台，包括 Microsoft Windows、Windows Mobile、Windows CE、.NET Framework、.NET Compact Framework、Microsoft Silverlight 及 Windows Phone。Visual Studio 是最流行的 Windows 平台应用程序的集成开发环境。本书以 VS 2015 为例介绍。

Visual Studio 是一套基于组件的软件开发工具和其他技术，可用于构建功能强大、性能出众的应用程序。

1997 年，微软发布了 Visual Studio 97，包含有面向 Windows 开发使用的 Visual Basic 5.0、Visual C++5.0，面向 Java 开发的 Visual J++和面向数据库开发的 Visual FoxPro，还包含有创建 DHTML（Dynamic HTML）所需要的 Visual InterDev。其中，Visual Basic 和 Visual FoxPro 使用单独的开发环境，其他的开发语言使用统一的开发环境。2014 年 11 月，微软发布 Visual Studio 2015 。Visual Studio 2015 包含许多新的功能，以支持跨平台移动开发、Web 和云开发、IDE 生产力增强。

VS 2015 共有三个版本，其中社区版（community）开放源代码项目，免费提供给个人开发人员、科研、教育以及小型专业团队，大部分程序员（包括初学者）可以无任何经济负担、合法地使用 VS 2015。而专业版（professional）、企业版（enterprise）都是收费的。

VS 有如下特点：

- 支持 Windows Azure。
- 实践当前最热门的 Agile/Scrum 开发方法，强化团队竞争力。
- 升级的软件测试功能及工具，为软件质量严格把关。
- 搭配 Windows、Silverlight 与 Office，发挥多核并行运算威力。
- 创建美感与效能并重的新一代软件。
- 支持最新 C++ 标准，增强 IDE，切实提高程序员开发效率。

1.2.5　标题栏和菜单栏

1.2.5.1　标题栏

标题栏是 VS 2015 窗口顶部的水平条，它显示的是应用程序的名字。默认情况下，用户建立一个新项目后，标题栏显示如下信息：

WindowsApplication1-Microsoft Visual Studio（管理员）

其中，"WindowsApplication1"代表解决方案名称。随着工作状态的变化，标题中的信息也随之改变。当处于调试状态时，标题中的信息如下：

WindowsApplication1（正在调试）-Microsoft Visual Studio（管理员）

在上面的标题信息中，第一个括号中的"正在调试"表明当前的工作状态处于"调试阶段"。当处于运行状态时，该括号中的信息为"正在运行"，表明当前的工作状态处于"运行阶段"。

1.2.5.2　菜单栏

在标题栏的下面是集成环境的主菜单。菜单是 Visual C# 编程开发环境的重要组成部分，开发者要完成的主要功能都是通过菜单或通过与菜单对应的工具栏按钮和快捷键来实现的。在不同的状态下，菜单栏中的菜单项的个数是不一样的。例如，启动 VS 后，建立项目前（即在"起始页"状态下），菜单栏中有 11 个菜单项，即"文件""编辑""视图""调试""团队""工具""测试""体系结构""分析""窗口"和"帮助"；而当建立或打开项目后，如果当前活动的窗口是窗体设计器，则菜单栏中有 14 个菜单项，即"文件""编辑""视图""项目""生成""调试""团队""格式""工具""测试""体系结构""分析""窗口"和"帮助"；如果当前活动的窗口是代码窗口，则菜单栏中有 13 个菜单项，即"文件""编辑""视图""项目""生成""调试""团队""工具""测试""体系结构""分析""窗口"和"帮助"。

每个菜单包含若干个子菜单项，在子菜单中灰色选项是不能使用的；菜单项中显示在菜单名后面括号中的字母为键盘访问键，菜单项后面显示的为快捷键。例如，"新建项目"的操作是先按 Alt+E，打开"文件"菜单，再按 N 键，或直接按 Ctrl+Shift+N 键。

（1）文件菜单（File）

文件菜单用 F 对文件进行操作，如打开和新建项目、保存和退出等。文件菜单如图 1-1 所示。

（2）视图菜单（View）

视图菜单用于显示或隐藏各功能窗口或对话框。若不小心关闭了某个窗口，可以通过选择视图菜单项来显示该窗口。视图菜单还控制工具栏的显示，若要显示或关闭某个工具栏，

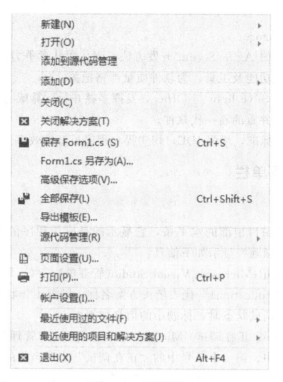

图 1-1　文件菜单

只需单击"视图工具栏"菜单项，找到相应的工具栏，在其前面打钩或去掉即可。视图菜单如图 1-2 所示。

（3）项目菜单（Project）

项目菜单主要用于向程序中添加或移除各种元素，如窗体、模块、组件、类等。项目菜单如图 1-3 所示。

（4）生成菜单（Build）

生成菜单主要用于生成能运行的可执行程序文件。生成之后的程序可以脱离开发环境独立运行，也可以用于发布程序。

（5）调试菜单（Debug）

调试菜单用于选择不同的调试程序，如逐语句、监视窗口、设断点等。调试菜单如图 1-4所示。

（6）格式菜单（Format）

格式菜单用于设计阶段窗体上各控件的布局。利用它可以调整所选定的对象的格式，在设计多个对象时用来使界面整齐而进行统一操作。格式菜单如图 1-5 所示。

（7）工具菜单（Tools）

工具菜单用于选择在工程设计时的一些工具。例如，可用来添加或删除工具箱项、连接数据库、连接服务器等。工具菜单如图 1-6 所示。

（8）帮助菜单（Help）

学会使用帮助菜单是学习和掌握 C# 的捷径，C# 可以通过内容、索引和搜索的方法寻求帮助。帮助菜单如图 1-7 所示。

<>	代码(C)	F7
	设计器(D)	Shift+F7
	解决方案资源管理器(P)	Ctrl+W, S
	团队资源管理器(M)	Ctrl+\, Ctrl+M
	服务器资源管理器(V)	Ctrl+W, L
	SQL Server 对象资源管理器	Ctrl+\, Ctrl+S
	调用层次结构(H)	Ctrl+W, K
	类视图(A)	Ctrl+W, C
	代码定义窗口(D)	Ctrl+W, D
	对象浏览器(J)	Ctrl+W, J
	错误列表(I)	Ctrl+W, E
	输出(O)	Ctrl+W, O
	起始页(G)	
	任务列表(K)	Ctrl+W, T
	工具箱(X)	Ctrl+W, X
	通知(N)	Ctrl+W, N
	查找结果(N)	▶
	其他窗口(E)	▶
	工具栏(T)	▶
	全屏幕(U)	Shift+Alt+Enter
	所有窗口(L)	Shift+Alt+M
	向后导航(B)	Ctrl+-
	向前导航(F)	Ctrl+Shift+-
	下一个任务(X)	
	上一个任务(R)	
	属性窗口(W)	Ctrl+W, P
	属性页(Y)	Shift+F4

图 1-2　视图菜单

（9）其他菜单

菜单栏中还有"编辑"和"窗口"菜单，它们的功能与 Windows 标准桌面程序基本相同，在此不再详细介绍。至于"团队""测试""体系结构"和"分析"这些菜单，是企业团队开发大型软件项目专用的，个人学习 C# 程序设计一般用不到，故本书不再赘述。

另外，除了菜单栏中的菜单外，若在不同的窗口中单击鼠标右键，可以得到相应的专用快捷菜单，也称为上下文菜单或弹出菜单。

1.2.6　工具栏和工具箱

1.2.6.1　工具栏

工具栏是在编程环境下提供的对常用命令的快速访问。单击工具栏上的按钮，则执行该按钮所代表的操作。Visual C# 提供了多种工具栏，并可根据需要定义用户自己的工具栏。默认情况下，Visual C# 中只显示"标准"工具栏和"布局"工具栏，其他工具栏可以通过"视图"菜单中的"工具栏"命令打开（或关闭）。每种工具栏都有固定和浮动两种形式，把

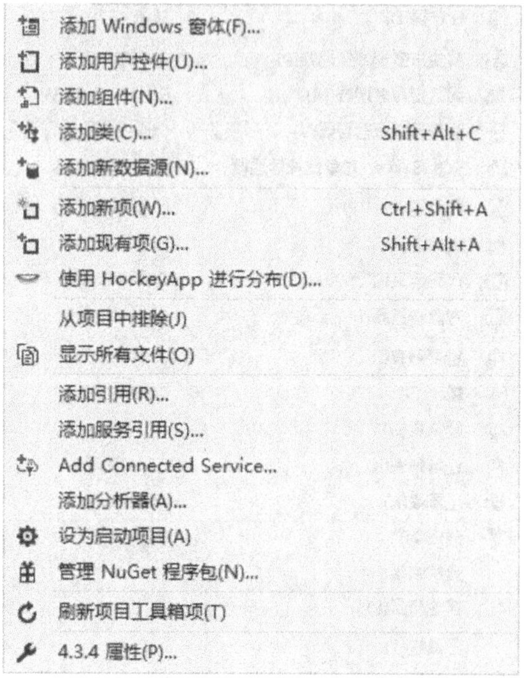

图 1-3　项目菜单

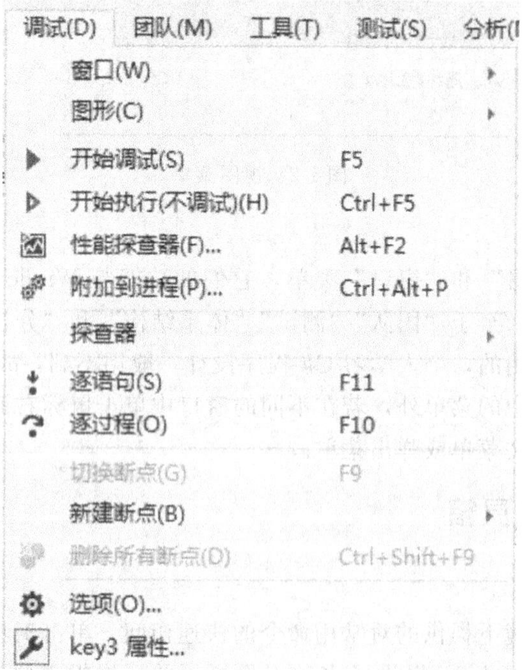

添加 Windows 窗体(F)...	
添加用户控件(U)...	
添加组件(N)...	
添加类(C)...	Shift+Alt+C
添加新数据源(N)...	
添加新项(W)...	Ctrl+Shift+A
添加现有项(G)...	Shift+Alt+A
使用 HockeyApp 进行分布(D)...	
从项目中排除(J)	
显示所有文件(O)	
添加引用(R)...	
添加服务引用(S)...	
Add Connected Service...	
添加分析器(A)...	
设为启动项目(A)	
管理 NuGet 程序包(N)...	
刷新项目工具箱项(T)	
4.3.4 属性(P)...	

调试(D)	团队(M)	工具(T)	测试(S)	分析(
窗口(W)				▶
图形(C)				▶
开始调试(S)		F5		
开始执行(不调试)(H)		Ctrl+F5		
性能探查器(F)...		Alt+F2		
附加到进程(P)...		Ctrl+Alt+P		
探查器				▶
逐语句(S)		F11		
逐过程(O)		F10		
切换断点(G)		F9		
新建断点(B)				▶
删除所有断点(D)		Ctrl+Shift+F9		
选项(O)...				
key3 属性...				

图 1-4　调试菜单

图 1-5 格式菜单

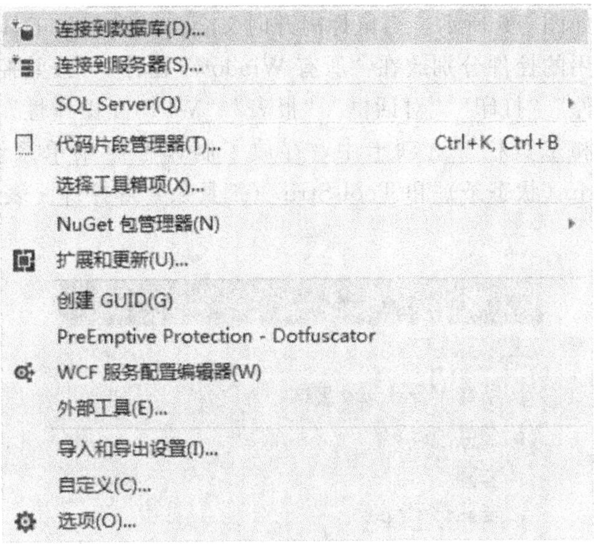

对齐(A) ▶
使大小相同(M) ▶
水平间距(H) ▶
垂直间距(V) ▶
窗体内居中(C) ▶
顺序(O) ▶
🔒 锁定控件(L)

连接到数据库(D)...
连接到服务器(S)...
SQL Server(Q) ▶
代码片段管理器(T)...   Ctrl+K, Ctrl+B
选择工具箱项(X)...
NuGet 包管理器(N) ▶
扩展和更新(U)...
创建 GUID(G)
PreEmptive Protection - Dotfuscator
WCF 服务配置编辑器(W)
外部工具(E)...
导入和导出设置(I)...
自定义(C)...
选项(O)...

图 1-6 工具菜单

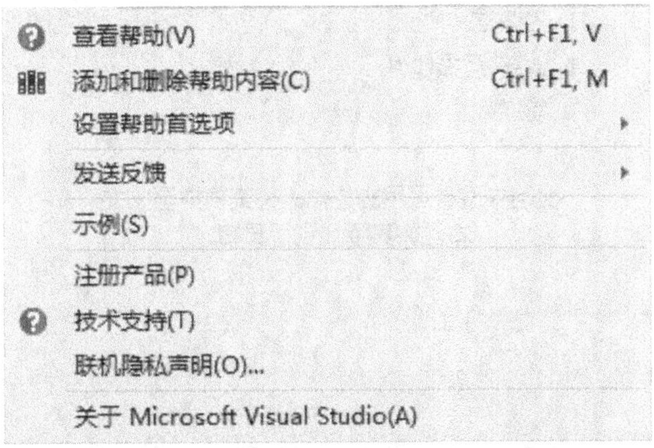

❓ 查看帮助(V)   Ctrl+F1, V
添加和删除帮助内容(C)   Ctrl+F1, M
设置帮助首选项 ▶
发送反馈 ▶
示例(S)
注册产品(P)
❓ 技术支持(T)
联机隐私声明(O)...
关于 Microsoft Visual Studio(A)

图 1-7 帮助菜单

鼠标光标移到固定形式工具栏中没有图标的地方，按住左键向下拖动鼠标，即可把工具栏变为浮动的，而如果双击浮动工具栏的标题，则可变为固定工具栏。

默认的工具栏如图 1-8 所示，这是启动 Visual C# 之后显示的"标准"工具栏，当鼠标停留在工具栏按钮上时可显示出该按钮的功能提示。

图 1-8　工具栏

1.2.6.2　工具箱

工具箱（Toolbox）提供了一组控件，用户设计界面时可以从中选择所需的控件放入窗体中。工具箱位于屏幕的左侧，默认情况下是自动隐藏的，当鼠标接近工具箱敏感区域时，工具箱会自动弹开，如图 1-9 所示，当鼠标离开时又会自动隐藏。工具箱是由众多控件组成的，为便于管理，常用的控件分别放在"所有 Windows 窗体""公共控件""容器""菜单和工具栏""数据""组件""打印""对话框""报表""WPF 互操作性""常规"11 个选项卡中。比如，在"菜单和工具栏"选项卡中，存放了制作程序菜单系统常用的 Menu Strip（菜单条）、Status Strip（状态条）和 Tool Strip（工具条）等控件。表 1-1 是 11 个选项卡的内容说明。

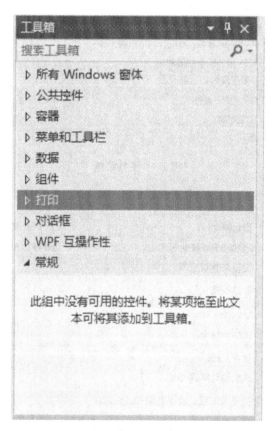

图 1-9　工具箱

表 1-1　工具箱

选项卡名称	内容说明
所有 Windows 窗体	存放 Windows 程序界面设计所有的控件
公共控件	存放常用的控件
容器	存放容器类的控件
菜单和工具栏	存放菜单和工具栏的控件
数据	存放操作数据库的控件
组件	存放系统提供的组件
打印	存放打印相关的控件
对话框	存放各种对话框控件
WPF 互操作性	存放 WPF 相关的控件
常规	保存了用户常用的控件，包括自定义控件

选项卡中控件不是一成不变的，可以根据需要增加或删除。在工具箱窗口中点击鼠标右键，在弹出菜单中选择"选择项"，会弹出一个包含所有可选控件的"选择工具箱项"对话框，通过勾选或取消勾选其中的控件，即可添加或删除选项卡中的控件，如图 1-10 所示。

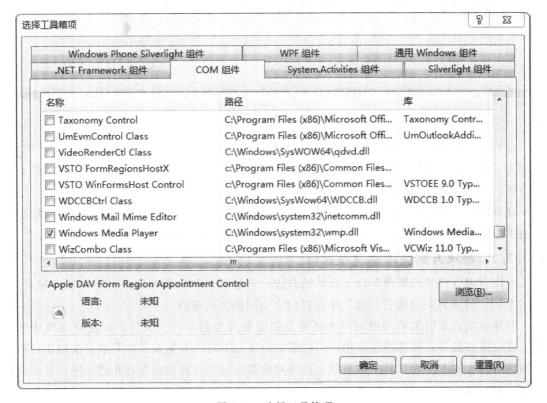

图 1-10　选择工具箱项

1.2.7　窗口

窗口包括"窗体设计器窗口""解决方案资源管理器窗口""属性窗口"等。集成开发环境中显示的窗口都可由用户通过"视图"菜单来设置。

1.2.7.1 窗体设计器窗口

窗体设计器窗口简称窗体（Form），是用户自定义窗口，用来设计应用程序的界面。各种图形、图像、数据等都是通过窗体或其中的控件显示出来的。窗体设计器窗口如图 1-11 所示，设计器窗口的标题是"Form1.cs［设计］"。

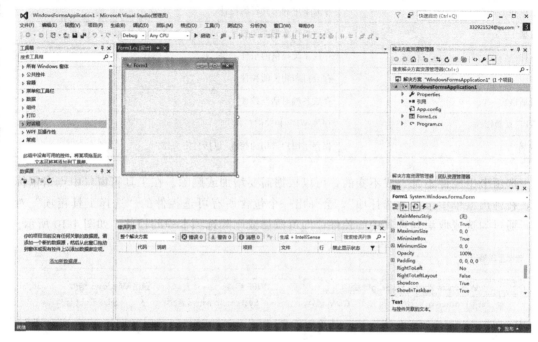

图 1-11　窗体设计器窗口

在程序窗体的左上角是窗体的标题（如图 1-11 中的"Form1"），右上角有三个图标，分别为"最小化""最大化（还原）"和"关闭"。建立一个新的项目后，系统将自动建立一个窗体，其默认名称和标题为"Form1"。

在设计应用程序时，用户根据需要，从工具箱中选择所需要的工具（控件），然后在窗体的工作区中画出相应的控件对象，这样就完成了窗体的界面设计。

1.2.7.2 解决方案资源管理器窗口

解决方案资源管理器窗口位于窗体的右边，它是用来列出当前解决方案中所有项目的，如图 1-12"解决方案资源管理器"中可以包含不同语言的项目。

利用解决方案资源管理器可以方便地组织需要开发的项目、文件，配置应用程序或组件。在解决方案资源管理器窗口中，以树型结构显示了解决方案及其项目的层次结构，可以方便地打开、修改、管理其中的对象，这些对象都是以文件的形式保存在磁盘中，其中常用的有下列 3 种。

（1）解决方案文件

解决方案文件是以 .sln 为扩展名的。在建立一个新项目时，默认解决方案文件名与项目文件同名，当然可以修改为其他的名字，解决方案名称通常显示在标题栏中。一个解决方案可以由多个项目构成，在解决方案资源管理器窗口中，解决方案名后的括号中的数字表示

图 1-12　解决方案资源管理器窗口

解决方案中项目的数量。

（2）项目文件

项目文件是以 .csproj 为扩展名的，每个项目对应一个项目文件，从图 1-12 可以看出，项目的名称是 "WindowsFormsApplication1"，其存盘文件名即为 "WindowsFormsApplication1.csproj"，解决方案的存盘文件名默认为 "WindowsFormsApplication1.sln"。

（3）代码模块文件

代码模块文件是以 .cs 为扩展名的，在 Visual C# 中，所有包含代码的源文件都以 .cs 为扩展名。因此，窗体模块、类模块、其他代码模块在存盘时扩展名都是 .cs，只是主文件名不同而已。

1.2.7.3　属性窗口

属性窗口位于解决方案资源管理器的下方，用于列出当前选定窗体或控件的属性设置，属性即对象的特征。图 1-13 是名称为 "Form1" 的窗体对象的属性。

属性的显示方式有两种，一种是按 "分类顺序" 排列，另外一种是按 "字母顺序" 排列，在属性窗口的上部有一个工具栏，用户可以通过单击其中相应的工具按钮来选择显示方式。属性窗口中的 "标题栏" 用于显示对象名，"属性列表" 是属性名及对应的设置值，"属性说明" 用于描述该属性的用途。类和命名空间位于属性窗口的顶部，其下拉列表中的内容为应用程序中每个类的名字及类所在的命名空间。随着窗体中控件的增加，将把这些对象的有关信息加入命名空间框的下拉列表中。

1.2.7.4　代码窗口

代码窗口与窗体设计器窗口在同一位置，但被分别放在不同的标签页中，如图 1-14 所示，其中 Form1 窗体的代码窗口的标题是 "Form1.cs"。代码窗口用于输入应用程序代码，

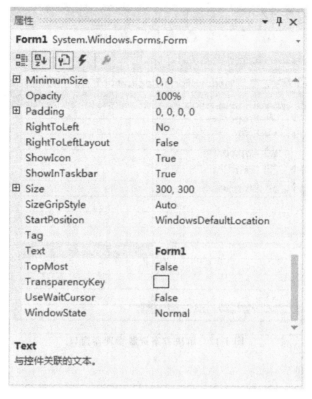

图 1-13　属性窗口

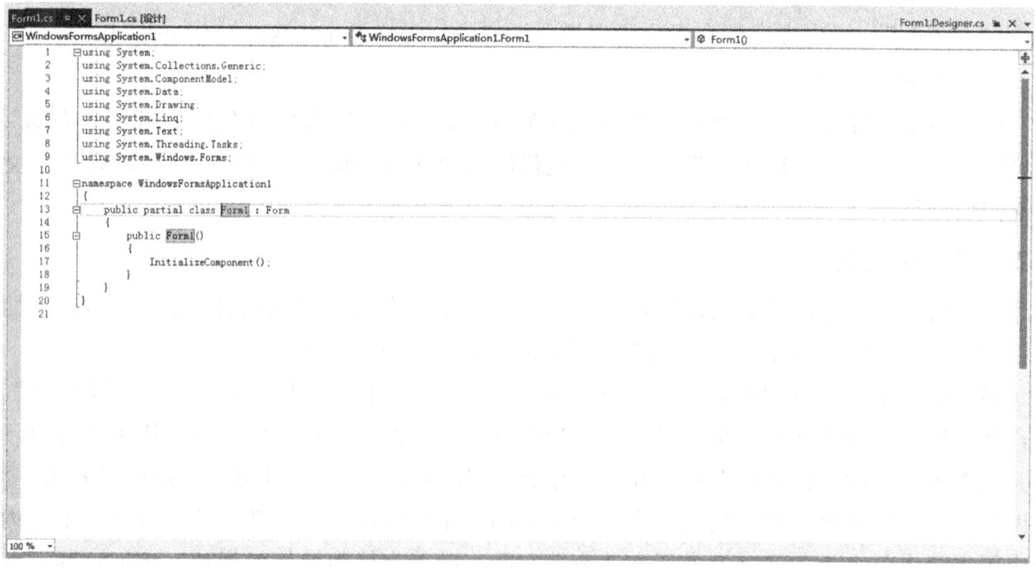

图 1-14　代码窗口

又称为代码编辑器。它包含对象列表框、成员列表框和代码编辑区。对象列表框显示和该窗
体有关的所有对象的清单，成员列表框列出对象列表框中所选对象的全部成员（包括属性、
方法和事件等），代码编辑区用于编辑对应事件的程序代码。

除了上述几种窗口外，在集成环境中还有其他一些窗口，具体将在以后的相关章节中介绍。

1.3 任务实施

1.3.1 安装 C# 开发环境

安装 Visual Studio 2015 之前，需要先查看一下当前计算机的相关配置，以免安装过程半途而废。Visual Studio 2015 集成开发环境对系统主要软、硬件的要求如下：

- 1.6GHz 或更快的处理器；
- 1GB 的 RAM（如果在虚拟机上运行则需 1.5GB）；
- 10GB 可用硬盘空间；
- 5400RPM 硬盘驱动器；
- 支持 DirectX 9 的视频卡（1024×768 或更高分辨率）。

以下是在 Windows 10 旗舰版的操作系统中安装 Visual Studio 2015 旗舰版的主要步骤。当然，根据具体情况和实际需要，读者也可在自己的操作系统（如 Windows 7、Windows 8 或 Windows Server 2000 等）中安装其他版本的 Visual Studio 2015。

① 启动安装程序，如图 1-15 所示。

图 1-15　Visual Studio 2015 安装文件

此时即可看到 Visual Studio 2015 的类似"黑纸白字"样式的、简洁的安装界面。

② 稍等片刻，进入 Visual Studio 2015 安装界面，如图 1-16 所示，调整或者默认当前选择安装的磁盘位置，但须选中"我同意条款和条件"复选框，然后才可单击"下一步"按钮，继续安装。

③ 如图 1-17 所示，根据需要选中"自定义（U）"栏中的复选框（如果尚不确定可选功能，而磁盘空间又充裕，不妨选中"默认值"复选框），然后单击"安装（N）"按钮。

④ 开始安装 Visual Studio 2015，如图 1-18 所示。

⑤ 等待一段时间后，安装结束，显示安装已完成界面，如图 1-19 所示，单击"立即重新启动（N）"按钮，即可在计算机重新启动后，进入 Visual Studio 2015。

经过上述步骤完成 Visual Studio 2015 的安装，即可使用，如图 1-20 所示为 Visual Studio 2015 启动后的初始界面。第一次运行 Visual Studio 2015 程序会自动配置运行环境。配置完成后，进入 Visual Studio 2015 的主界面，如图 1-21 所示。

图 1-16　Visual Studio 2015 安装界面

图 1-17　安装选项

图 1-18　开始安装 Visual Studio 2015

图 1-19　Visual Studio 2015 安装完成

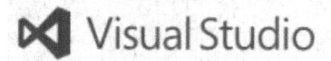

图 1-20　第一次运行 Visual Studio 2015

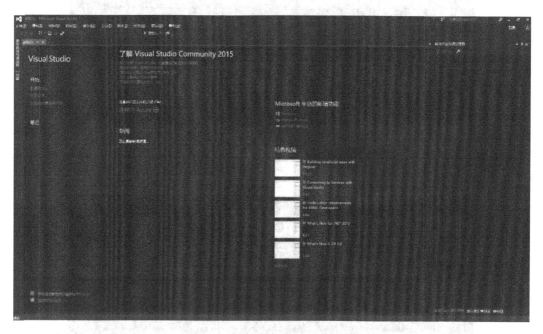

图 1-21　Visual Studio 2015 主界面

1.3.2　开发第一个应用程序（Hello World）

一般学习一门计算机语言是从 Hello World 开始的，我们也将 Hello World 作为入门的第一个学习内容。

【例 1-1】　创建一个 C# 控制台应用项目，在控制台中输出"Hello World"。

第 1 步，新建项目。在新建项目对话框中选择"控制台应用程序"，名称设置为"helloworld"，位置设置为指定的路径，如图 1-22 所示，单击"确定"按钮进行保存。

第 2 步，在 Main 方法里面写入代码，如图 1-23 所示。

第 3 步，点击"启动"按钮，运行程序，查看程序运行结果，如图 1-24 所示。

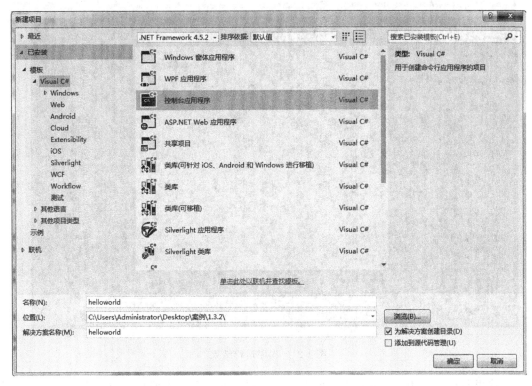

图 1-22　新建项目对话框

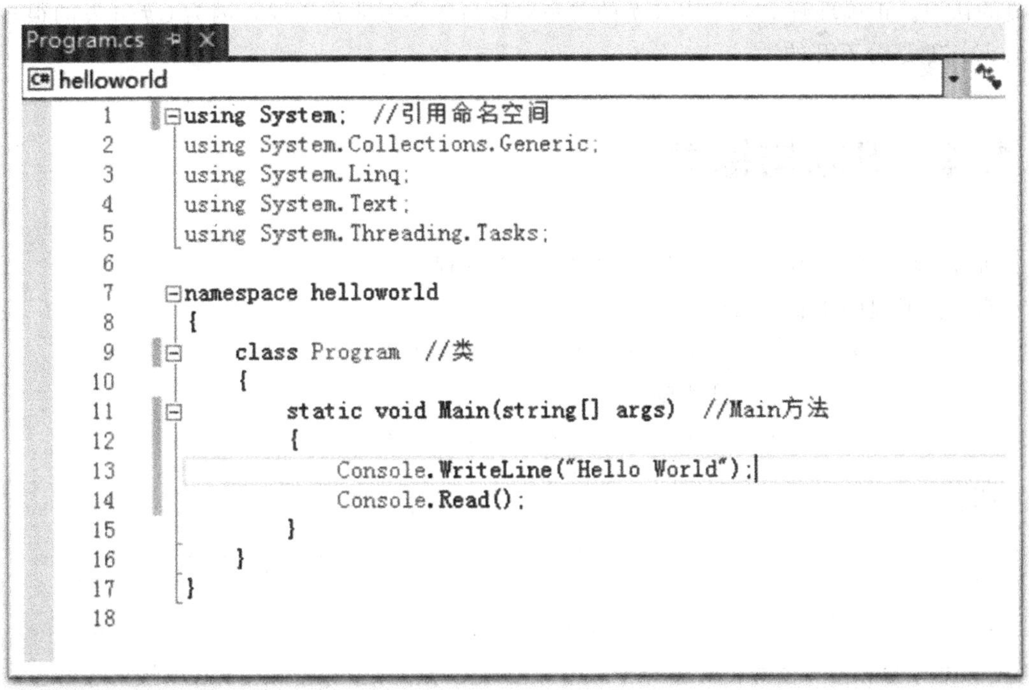

```
Program.cs ↔ X
C# helloworld
1    using System; //引用命名空间
2    using System.Collections.Generic;
3    using System.Linq;
4    using System.Text;
5    using System.Threading.Tasks;
6
7    namespace helloworld
8    {
9        class Program   //类
10       {
11           static void Main(string[] args)   //Main方法
12           {
13               Console.WriteLine("Hello World");
14               Console.Read();
15           }
16       }
17   }
18
```

图 1-23　代码

图 1-24　程序运行结果

　　到这里我们已经迈入了 C# 编程的大门并学习了 C# 程序的编写，通过本章的学习，应该掌握的是 . NET 的基本架构以及 C# 与 . NET 之间的关系，并且对 C# 程序的结构有一个大概的认识。正确理解 . NET 与 C# 的关系对以后的学习非常重要，因为 C# 开发的很多方面与 . NET 是分不开的。

1.4　巩固与提高

　　通过本项目的学习，练习开发"欢迎光临"的程序。

　　编写实现程序功能，输出以下信息：

```
* * * * * * * * * * * * * * * * * * * * * *
              欢迎光临
* * * * * * * * * * * * * * * * * * * * * *
```

记一记：

1.5 课后习题

（1）C#是由（　　）和（　　）衍生而来，继承了它们的强大功能，同时除去了一些它们的复杂性。

（2）C#语言中，没有 C++中流行的（　　）。

（3）C#语言支持面向对象的所有关键特性，如（　　）、（　　）和（　　）等，是真正纯粹的面向对象的编程语言。

（4）.NET 中新的应用程序开发模型意味着越来越多的解决方案需要与 Web 标准相统一，例如（　　）和（　　）。

（5）C#语言凭借.NET Framework 平台对 COM＋组件、XML Web 服务和（　　）服务的支持，能够跨语言、跨平台交互操作，实现不同软件技术开发的组件之间以及组件之间跨互联网的调用。

（6）（　　）组件是 C#语言中最具特色的组件。

（7）.NET Framework 是采用系统虚拟机运行的编程平台，以（　　）为基础，支持多语言的开发。

（8）VS 2015 共有三个版本，其中（　　）免费提供给个人开发人员、科研、教育以及小型专业团队。

（9）（　　）菜单主要用于生成能运行的可执行程序文件。

（10）（　　）菜单主要用于向程序中添加或移除各种元素，如窗体、模块、组件、类等。

（11）项目文件是以（　　）为扩展名的，每个项目对应一个项目文件。

（12）（　　）文件是以.cs 为扩展名的。

（13）属性的显示方式可以有两种，一种是按（　　）排列，另外一种是按（　　）排列。

项目二
Console 程序开发

【项目背景】 Console 类主要用于控制台应用程序的输入和输出操作，此类不能被继承。我们通过学习 C# 的基础知识，掌握 C# 的数据类型、常量和变量的声明及使用、数据的运算等知识，开发控制台应用程序，利用 Console 类的输入输出功能，在控制台中输入输出数据，并检测运行结果。

2.1 任务目标

2.1.1 制作欢迎界面

设计程序，提示用户输入姓名，用户提交后显示图 2-1 的欢迎界面。

```
* * * * * * * * * * * * * * * *
您好×××，欢迎使用计算器小程序
* * * * * * * * * * * * * * * *
```

图 2-1　欢迎界面

2.1.2 开发求和程序

两个整数求和，利用公式 $c=a+b$，让用户在控制台分别输入 a 和 b 的值，并将结果在控制台中输出。

2.1.3 开发求圆面积的控制台程序

利用公式 $s=\text{pai}\times r\times r$ 求圆的面积（pai=3.14），在控制台中提示用户输入半径 r 的

值，并输出结果。

2.1.4　开发奇偶数判断程序

运用函数开发程序，用户在控制台中任意输入一个整数，程序判断这个整数是奇数还是偶数，并输出判断结果。

2.1.5　制作求和的程序

利用循环开发程序，对 $1\sim n$ 的整数进行求和，其中 n 的值由用户在控制台中输入，并输出运行结果。

2.1.6　制作大小写转换程序

利用数组开发程序，将用户任意输入的 $0\sim 9$ 的数字转换成大写形式。

2.2　技术准备

2.2.1　数据类型

在程序设计中，数据是程序的必要组成部分，也是程序处理的对象。不同的数据有不同的数据类型，不同的数据类型有不同的数据结构、不同的存储方式，并且参与的运算也不相同。

（1）值类型与引用类型

C# 中的数据类型分为两大类：值类型（value types）和引用类型（reference types）。值类型包括简单类型（例如，char、int 和 float）、枚举（enum）和结构（structure）。引用类型包括类（class）、接口（interface）、委托（delegate）和数组。值类型和引用类型的区别在于，值类型变量直接包含它们的数据［这些变量大多存放在内存的栈（stack）中］，而引用类型变量存储的是对象的引用。也就是说，引用类型变量所存储的只是一个指针（引用），对象实体所占用的空间是存放在其他地方的［内存堆（heap）］。

（2）简单类型

简单类型也称为纯量类型，是直接由一系列元素构成的数据类型。C# 语言中提供了一组已定义的简单类型，从计算机的表示角度来看这些简单类型可以分为整数类型、实数类型、十进制类型和布尔类型。

① 整数类型。整数类型的值为整数。数学上的整数可以从负无穷大到正无穷大，但是由于计算机的存储单元是有限的，所以计算机语言提供的整数类型的值总是在一定的范围之内。C# 中有 9 种整数类型：短字节型（sbyte）、字节型（byte）、短整型（short）、无符号短整型（ushort）、整型（int）、无符号整型（uint）、长整型（long）、无符号长整型（ulong）、字符型（char）。划分的依据是该类型的变量在内存中所占的位数以及是否为有符号数。

在 9 种整型中，字符型（char）是比较特殊的，它一方面是整数类型，另一方面就其内容而言，它是用 Unicode 编码表达的字符，在内存中占两个字节（16 位）。由于 C# 的字符类型采用的是国际标准编码方案——Unicode 编码，所以可以表示字节数不同的字符。

② 实数类型。实数类型包括两种：float（单精度实数）及 double（双精度实数），在计算机中分别占 4 字节和 8 字节，它们能表达的实数的精度和范围是不同的。

③ 十进制类型。专门定义的一种十进制类型（decimal），主要用于在金融和货币方面的计算。十进制类型是一种高精度 128 位数据类型（在内存中占 16 个字节）。十进制类型的取值范围比 double 类型的范围要小得多，但它更准确。

④ 布尔类型。布尔类型（bool）是用来表示布尔型（逻辑）数据的数据类型。布尔型的变量或常量的取值只有 true 和 false 两个。其中，true 代表"真"，false 代表"假"。

在其他语言，如 C 和 C++语言中，零整数数值或空指针可以转换为布尔值 false，而非零整数数值或非空指针可以转换为布尔值 true。在 C# 中，则不能进行这样的转换。

（3）字符串类型

string 类型，即字符串类型，是引用类型的一种，它表示一连串的 Unicode 字符。在书写字符串的常量时，用一对双引号（" "，英文输入为" "）来表示，如"Hello，World!"。

（4）对象类型

object 类型，即对象类型，是引用类型中的一种，它表示对象。object 类型是一切对象类型的父型，也就是说，其他类型都是从 object 类型派生（继承）而来的。要注意的是，所有的值类型也是直接或间接从 object 类型派生而来的，但 object 是引用类型，而值类型不是引用类型。

2.2.2 标识符

任何一个变量、常量、方法、对象和类都需要有名字，这些名字就是标识符。标识符可以由编程者自由指定，但是需要遵循一定的语法规定。标识符要满足如下的规定。

① 标识符可以由字母、数字、下划线（_）和普通 Unicode 字符组合而成，不能包含空格、标点等。

② 标识符必须以字母、下划线开头，不能以数字开头。

③ 标识符不能与 C# 中的关键字名称相同（这些关键字将在下面给出）。

④ 在 C# 中有一点是例外，那就是允许标识符以@作为前缀，这主要是为了使一些保留字也用于标识符，如@class，但要注意@实际上不是标识符的一部分，仅表示它是一个标识符。一般不推荐使用这样的标识符。

下面给出了一些合法和非法的变量名的例子：

```
int i;              //合法
int No.1;           //不合法
string total;       //合法
char using;         //不合法,它与关键字名称相同
char @ using;       //合法
```

在实际应用标识符时，应该使标识符能一定程度上反映它所表示的变量、常量、对象或类的意义，这样程序的可读性会更好。

应注意，C# 是大小写敏感的语言，例如 name 和 Name、System 和 system 分别代表不同的标识符，在定义和使用时要特别注意这一点。

2.2.3 常量的声明和使用

常量是在程序运行的整个过程中保持其值不改变的量。字面常量（literal）是指在程序中直接书写的常量。下面介绍这些常量的书写方法。

（1）布尔常量

布尔常量包括 true 和 false，分别代表真和假。

例如：

bool r= true;

bool f= false;

（2）整型常量

整型常量可以用来给整型变量赋值，整型常量可以采用十进制或十六进制表示。

十进制的整型常量与普通数字表示相同，如 100，−50；

十六进制的整型常量用 0x 开头的数值表示，如 0x2F 相当于十进制的数字 47。

整型常量按照所用的内存长度，又可分为一般整型常量和长整型常量，其中一般整型常量占用 32 位，长整型常量（long）占用 64 位，长整型常量的尾部有一个大写的 L 或小写的 l，如−386L、0l、7777l。

对于无符号常量，则在常量的尾部加一个大写的 U 或小写的 u，如 32U、777LU、5UL。

在 C# 7.0 以上版本中，对于数值，可以使用下划线（_）来表示千分分隔符，如 123 _ 456.789 _ 12。对于二进制数，可以前加 0b 或 0B 来表示，如 0B1101 表示二进制的 1101，相当于十进制的 13。

（3）浮点常量

据占用内存长度的不同，可以分为一般浮点（单精度 float）常量和双精度浮点（double）常量两种。其中单精度常量后跟一个 f 或 F，双精度常量后跟一个 d 或 D。

浮点常量可以有普通的书写方法，如 3.14f、−2.17d，也可以用指数形式，如 $5.3 \times 10e{-2}$ 表示 5.3×10^{-2}，123E3D 代表 123×10^{-3}D。

对于十进制常量（decimal），则在尾部加一个大写的 M 或小写的 m。例如，1588.45M，这里 M 可以认为代表的是 Money。

双精度常数后的 d 或 D 可以省略。也就是说，对于小数型表达的数，如果没有跟 F、f、D、d、M、m 等符号，则自动认为是 double 类型，如 3.14 就是 3.14D。

（4）字符常量

字符常量用一对单引号（英文输入法′′）括起的单个字符表示，如 'A' 'T'。字符可以是字母表中的字符，也可以是转义符，还可以是要表示的字符所对应的 Unicode 码。

用 Unicode 码表示字符的方法是：用 \ u 后面跟 4 位十六进制数，如 ' \ u0041' 表示字母 A。

转义符是一些有特殊含义、很难用一般方式表达的字符，如回车、换行等。为了表达清楚这些特殊字符，C# 中引入了一些特别的定义。所有的转义符都用 \ 开头，后面跟着若干个字符来表示某个特定的转义符。

（5）字符串常量

字符串常量是用双引号括起的一串若干个字符（可以是 0 个）。字符串中可以包括转义符；标志字符串开始和结束的双引号必须在源代码的同行上，如："Hello world \ n"。

为了避免写过多的转义符，在 C# 中提供了一个取消转义的符号@，这里的@必须放在引号的前面，并且直接相邻，如：@ " \\ server \ share \ file. txt" 表示的含义与 " \\\\ server \\ share \\ file. txt" 相同。

另外，在取消转义的情况下，如果在字符串中有一个双引号，则用两个双引号表示，如 @ "Joe said" "Hello" "to me" 与 "Joe said \ " Hello \ "to me" 表示的含义相同。

在 C# 6.0 以上版本中，还可以使用字符串嵌入 String interpolation 的方式，其前面用 $ 表示，如 $ "The string is {str}"。其中，字符串中的花括号括起来的部分称为"占位符"，C# 在编译时，会将其中变量或表达式的值"嵌入"进来，它实际上是进行了字符串的连接。

2.2.4　变量的声明和使用

变量是在程序的运行过程中数值可变的数据，通常用来记录运算中间结果或保存数据。从用户角度来看，变量就是存储信息的基本单元；从系统角度来看，变量就是计算机内存中的一个存储空间。

C# 中的变量必须先声明后使用，声明变量包括指明变量的数据类型和变量的名称，必要时还可以指定变量的初始数值。变量声明后要用分号。

例如：

int a,b,c;

又如：

double x= 12.3;

【例 2-1】　声明变量并赋值。

```
static void Main(string[] args)
{
    int a=1;
    bool b=true;
    float c=2.5f;
    double d=3.1415;
    char e='x';
    Console.WriteLine("a="+ a);
    Console.WriteLine("b="+ b);
    Console.WriteLine("c="+ c);
    Console.WriteLine("d="+ d);
    Console.WriteLine("e="+ e);
    Console.Read();
}
```

2.2.5　掌握 C# 的运算符

运算符指明对操作数所进行的运算。按操作数的数目来分，可以有一元运算符（如＋＋、－－）、二元运算符（如＋、＞）和三元运算符（如?:），它们分别对应于一个、两个和三个操作数。对于一元运算符来说，可以有前缀表达式（如＋＋i）和后缀表达式（如i＋＋），对于二元运算符来说则采用中缀表达式（如a＋b）。按照运算符功能来分，基本的运算符有下面几类：

① 算术运算符（＋、－、＊、/、%、＋＋、－－）；

② 关系运算符（＞、＜、＞＝、＜＝、＝＝、!＝）；

③ 布尔逻辑运算符（!、&&、‖）；

④ 位运算符（≫、≪、≫≫、&、|、^、~）；

⑤ 赋值运算符（＝），及其扩展赋值运算符，如＋＝；

⑥ 条件运算符（?:）；

⑦ 其他（包括分量运算符"，"，下标运算符"[]"，内存分配运算符"new"，强制类型转换运算符"(类型)"，方法调用运算符"()"等）。

（1）算术运算符

算术运算符作用于整型或浮点型数据，完成算术运算。

对求余运算符%来说，其操作数可以为浮点数，如72%10＝2。

值得注意的是，C#对加运算进行了扩展，例如，使用它能够进行字符串的连接，如"abe"＋"de"，得到串"abede"。

具体的算术运算符说明如表2-1所示。

表2-1　算术运算符

运算符	说明
＋	对两个操作数做加法运算
－	对两个操作数做减法运算
＊	对两个操作数做乘法运算
/	对两个操作数做除法运算
%	对两个操作数做取余运算

（2）关系运算符

关系运算符用来比较两个值，运算的结果为布尔类型的值（true或false）。关系运算符都是二元运算符，如表2-2所示。

表2-2　关系运算符

运算符	说明
＝＝	表示两边表达式运算的结果相等，注意是两个等号
!＝	表示两边表达式运算的结果不相等
＞	表示左边表达式的值大于右边表达式的值
＜	表示左边表达式的值小于右边表达式的值
＞＝	表示左边表达式的值大于等于右边表达式的值
＜＝	表示左边表达式的值小于等于右边表达式的值

C# 中，简单类型和引用类型都可以通过＝＝或！＝来比较是否相等。关系运算符经常与布尔逻辑运算符一起使用，作为流控制语句的判断条件。

（3）逻辑运算符

逻辑运算是针对布尔型数据进行的运算，运算的结果仍然是布尔型量，如表 2-3 所示。

表 2-3　逻辑运算符

运算符	含义	说明
&&	逻辑与	如果运算符两边都为 true，则整个表达式为 true，否则为 false；如果左边操作数为 false，则不对右边表达式进行计算，相当于"且"的含义
‖	逻辑或	如果运算符两边有一个或两个为 true，整个表达式为 true，否则为 false；如果左边为 true，则不对右边表达式进行计算，相当于"或"的含义
!	逻辑非	表示和原来的逻辑相反的逻辑

! 为一元运算符，实现逻辑非。&&、‖ 为二元运算符，实现逻辑与、逻辑或。逻辑运算（&、|）与条件运算（&&、‖）的区别在于：逻辑运算会计算左右两个表达式后，才最后取值；条件运算可能只计算左边的表达式而不计算右边的表达式。即对于 &&，只要左边表达式为 false，则不计算右边表达式，则整个表达式为 false；对于 ‖，只要左边表达式为 true，则不计算右边表达式，则整个表达式为 true。条件运算也叫短路运算。

下面的例子说明了关系运算符和布尔逻辑运算符的使用。

【例 2-2】　关系和逻辑运算符的使用。

```
static void Main(string[] args)
    {
        int a,b;
        a=30;
        b=50;
        bool s;
        s=a>b;
        Console.WriteLine("a>b="+s);
        int f=5;
        if(f!=0&&a/f>1)
        Console.WriteLine("a/f="+a/f);
        else
        Console.WriteLine("f="+f);
        Console.Read();
    }
```

其运行结果为：

a>b= false

a/f= 6

（4）位运算符

位运算符用来对二进制位进行操作，C# 提供了如表 2-4 所示的位运算符。

表 2-4　位运算符

运算符	说明
&	按位与。两个运算数都为 1,则整个表达式为 1,否则为 0;也可以对布尔型的值进行比较,相当于"与"运算,但不是短路运算
|	按位或。两个运算数都为 0,则整个表达式为 0,否则为 1;也可以对布尔型的值进行比较,相当于"或"运算,但不是短路运算
~	按位非。当被运算的值为 1 时,运算结果为 0;当被运算的值为 0 时,运算结果为 1。该操作符不能用于布尔型。对正整数取反,则在原来的数上加 1,然后取负数;对负整数取反,则在原来的数上加 1,然后取绝对值
^	按位异或。只有运算的两位不同结果才为 1,否则为 0
≪	左移。把运算符左边的操作数向左移动运算符右边指定的位数,右边因移动空出的部分补 0
≫	有符号右移。把运算符左边的操作数向右移动运算符右边指定的位数。如果是正值,左侧因移动空出的部分补 0;如果是负值,左侧因移动空出的部分补 1
≫≫	无符号右移。和≫的移动方式一样,只是不管正负,因移动空出的部分都补 0

位运算符中,除~以外,其余均为二元运算符。操作数只能为整型和字符型数据。有的符号（&、｜、^）与逻辑运算符的写法相同,但逻辑运算符的操作数为布尔型。

（5）赋值与强制类型转换

① 赋值运算符。赋值运算符"="把一个数据赋给一个变量,简单的赋值运算是把一个表达式的值直接赋给一个变量或对象,使用的赋值运算符是"=",其格式如下:

变量或对象＝表达式;

在赋值运算符两侧的类型不一致的情况下,需要进行自动或强制类型转换。变量从占用内存较少的短数据类型转化成占用内存较多的长数据类型时,可以不做显式的类型转换,C#会自动转换,也叫隐式转换;而将变量从较长的数据类型转换成较短的数据类型时,则必须做强制类型转换,也叫显式转换。强制类型的基本方式是:

（类型）表达式

例如:

byte b= 100;

int i= b;　　　　　　//自动转换

int i= 100;

byte b=（byte)a;　//强制类型转换

注意,当从其他类型转为 char 型时,必须用强制类型转换。

② 扩展赋值运算符。在赋值符"="前加上其他运算符,即构成扩展赋值运算符,例如:a＋＝3 等价于 a＝a＋3。一般地,

var= var op expression

用扩展赋值运算符可表达为:

var op= expression

就是说,在先进行某种运算之后,再把运算的结果做赋值。

（6）条件运算符

条件运算符?:为三元运算符,它的一般形式为:

x ? y:z

其规则是,先计算表达式 x 的值,若 x 为真,则整个表达式运算的结果为表达式 y 的

值；若 x 为假，则整个表达式运算的值为表达式 z 的值。其中 y 与 z 需要返回相同的数据类型。

例如：

ratio=denom==0 ? 0 :num/denom;

这里，如果 denom==0，则 ratio=0，否则 ratio=num/denom。

又例如：

Z=a>0? a:-a;　　　//z 为 a 的绝对值

Z=a>b? a:b;　　　//z 为 a、b 中较大值

（7）运算的优先级、结合性

表达式是由变量、常量、对象、方法调用和操作符组成的式子，它执行这些元素指定的计算并返回某个值。如 a+b、c+d 等都是表达式，表达式用于计算并对变量赋值，并作为程序控制的条件。

当一个表达式包含多个运算符时，这些运算符的优先级控制各运算符的计算顺序。例如，表达式 x+y*z 按 x+(y*z) 计算，因为 * 运算符具有的优先级比+运算符高。

表 2-5 列出了 C# 中运算符的优先次序。大体上来说，从高到低是：一元运算符、算术运算、关系运算和逻辑运算、赋值运算。

表 2-5　运算符的优先级

运算符	结合性
.（点）、()（小括号）、[]（中括号）	从左向右
+（正）、-（负）、++（自增）、--（自减）、~（按位非）、!（逻辑非）	从右向左
*（乘）、/（除）、%（取余）	从左向右
+（加）、-（减）	从左向右
≪、≫、≫≫	从左向右
<、<=、>、>=	从左向右
==、! =	从左向右
&	从左向右
|	从左向右
^	从左向右
&&	从左向右
||	从左向右
?:	从右向左
=、+=、-=、*=、/=、%=、&=、|=、^=、~=、≪=、≫=、≫≫=	从右向左

当操作数出现在具有相同优先级的两个运算符之间时，运算符的结合性（顺序关联性）控制运算的执行顺序：

除了赋值运算符外，所有的二元运算符都向左顺序关联，意思是从左向右执行运算。例如，x+y+z 按 (x+y)+z 计算。

赋值运算符和条件运算符（?:）都向右顺序关联，意思是从右向左执行运算。例如，x=y=z 按 x=(y=z) 计算。

2.2.6 C# 的选择语句

(1) if 语句

if 语句的一般形式是：

if (条件表达式)

语句块；

else

语句块；

其中语句块是一条语句（带分号）或者是用一对花括号括起来的一系列语句；条件表达式用来选择判断程序的流程走向；在程序的实际执行过程中，如果条件表达式的取值为真，则执行 if 分支的语句块，否则执行 else 分支的语句块。

在编写程序时，也可以不书写 else 分支，此时若条件表达式的取值为假，则绕过 if 分支直接执行 if 语句后面的其他语句。语法格式如下：

if(条件表达式)

语句块；

例如：

if(a>0)

b=1;

else

b=-1;

又如，将某数 x 变为其绝对值：

if(x< = 0)

x=-x;

多条件的情况下可以使用 if-else if 语句，其格式如下：

if(条件表达式 1)

语句块 1；

else if (条件表达式 2)

语句块 2；

else if (条件表达式 3)

语句块 3；

……

else

语句块 n；

【例 2-3】 利用多条件分支语句判断学习成绩，成绩为优秀、良好、及格、不及格。

```csharp
static void Main(string[] args)
    {
        int a= 95;
        if (a> = 90)
            Console.WriteLine("成绩优秀");
        else if(a> = 80)
```

```
            Console.WriteLine("成绩良好");
        else if (a> = 60)
            Console.WriteLine("成绩及格");
        else
            Console.WriteLine("成绩不及格");
        Console.Read();
    }
```

其运行结果为：

成绩优秀

（2）switch 语句

switch 语句是多分支的开关语句，一般形式是：

switch（表达式）

case 判断值 1：一系列语句 1；break；

case 判断值 2：一系列语句 2；break；

case 判断值 n：一系列语句 n；break；

default：一系列语句 n + 1；break；

注意：这里表达式必须是整数型（byte、sbyte、short、ushort、int、uint、long、ulong）以及字符类型（char）、字符串型（string）及枚举型（enum）；判断值必须是常数，而不能是变量或表达式。

switch 语句在执行时，首先计算表达式的值，同时应与各个 case 分支的判断值的类型相一致。计算出表达式的值之后，将它先与第一个 case 分支的判断值相比较，若相同，则程序的流程转入第一个 case 分支的语句块；否则，再将表达式的值与第二个 case 分支相比较；以此类推。如果表达式的值与任何一个 case 分支都不相同，则转而执行最后的 default 分支。

在 default 分支不存在的情况下，则跳出整个 switch 语句。

注意：switch 语句的每个 case 判断，在一般情况下都有 break 语句，以指明这个分支执行完成后，就跳出该 switch 语句。在某些特定的场合下可能不需要 break 语句，如在若干判断值共享同一个分支时，就可以实现由不同的判断语句流入相同的分支。缺少 break 语句则是语法错误。

【例 2-4】 输入百分制的成绩，并判断成绩等级（成绩等级为 A、B、C、D、E）。

```
static void Main(string[] args)
    {
        int c;
        Console.WriteLine("请输入成绩:");
        c= Convert.ToInt32(Console.ReadLine());
        int grade;
        grade= (int)(c / 10);
        switch (grade)
        {
            case 10：Console.WriteLine("等级为 A");break;
```

```
            case 9: Console.WriteLine("等级为 A"); break;
            case 8: Console.WriteLine("等级为 B"); break;
            case 7: Console.WriteLine("等级为 C"); break;
            case 6: Console.WriteLine("等级为 D"); break;
            default: Console.WriteLine("等级为 E"); break;
        }
        Console.ReadLine();
    }
```

程序中，用 Console.ReadLine () 来读入一个字符，用 switch 语句进行判断，以显示对应的分数范围，运行结果如图 2-2 所示。

图 2-2　程序运行结果

2.2.7　C# 的循环语句

（1）while 循环语句

while 语句的一般语法格式如下：

```
while(条件表达式)
{
循环体
}
```

其中，条件表达式的返回值为布尔型，循环体可以是单个语句，也可以是复合语句块。

while 语句的执行过程是先判断条件表达式的值，若为真，则执行循环体，循环体执行完之后，再无条件转向条件表达式，再做计算与判断；当计算出条件表达式为假时，跳过循环体，执行 while 语句后面的语句。

值得注意的是，用 while 循环语句时，一般来说，循环的初始化工作要在循环体前面进行；循环的改变任务需要在循环体中进行。在很多情况下，循环体都是用花括号 {} 括起来的复合语句。

【例 2-5】 使用 while 循环语句计算 1～10 的数字之和。

```
static void Main(string[] args)
    {
        int i= 1;
        int sum= 0;//存放 1～10 的和
```

```
        while (i < = 10)
        {
            sum= sum+ i;
            i+ + ;
        }
        Console.WriteLine("1～10 的和为:"+ sum);
        Console.Read();
    }
```

运行结果如图 2-3 所示。

图 2-3　输出 1～10 的和

（2）do while 循环语句

do while 语句的一般语法结构如下：

do

{

循环体

}

while(条件表达式);

do while 语句的使用与 while 语句很类似，不同的是，它不像 while 语句是先计算条件表达式的值，而是无条件地先执行一遍循环体，再来判断条件表达式。若表达式的值为真，则再运行循环体，否则跳出 do while 循环，执行下面的语句。可以看出，do while 语句的特点是它的循环体至少执行 1 次。

【例 2-6】　使用 do while 循环输出 1～10 的数并输出。

```
static void Main(string[] args)
    {
```

```
int i= 1;
do
{
    Console.WriteLine(i);
    i+ + ;
}
while (i<=10);
}
```

（3）for 循环语句

for 语句是 C# 语言三个循环语句中功能较强、使用较广泛的一个。

for 语句的一般语法格式如下：

for（表达式 1；表达式 2；表达式 3）

{

循环体

}

其中，表达式 1 完成初始化循环变量和其他变量的工作；表达式 2 是返回布尔值的条件表达式，用来判断循环是否继续；表达式 3 用来修整循环变量，改变循环条件。3 个表达式之间用分号隔开。

for 语句的执行过程：首先计算表达式 1，完成必要的初始化工作；再判断表达式 2 的值，若为真，则执行循环体，执行完循环体后再返回表达式 3，计算并修改循环条件，这样一轮循环就结束了。第二轮循环从计算并判断表达式 2 开始，若表达式的值仍为真，则继续循环，否则跳出整个 for 语句执行下面的句子。for 语句的三个表达式都可以为空，但若表达式 2 也为空，则表示当前循环是一个无限循环，需要在循环体中书写另外的跳转语句终止循环。

其中表达式 1 和表达式 3 都可以是用逗号分开的多个表达式。

另外，for 循环的第 1 个表达式中，也可以是变量定义语句，这里定义的变量只在该循环体内有效。

【例 2-7】 使用 for 循环输出 1～10 的数并输出。

```
for(int i=1;n<=10;n+ + )
{
    Console.WriteLine(n);
}
```

2.2.8　C# 的跳转语句

（1）break 语句

break 语句的作用是使程序的流程从一个语句块内部跳转出来，中断循环，使循环不再执行。如果是多个循环语句嵌套使用，则 break 语句跳出的则是最内层循环。

【例 2-8】 使用 for 循环输出 1～10 的数，当输出到 5 时结束循环。

```
static void Main(string[] args)
    {
```

```
for(int i=1; i<=10; i++)
{
    if(i==5)
    {
        break;
    }
    Console.WriteLine(i);
}
}
```

运行结果如图 2-4 所示。

图 2-4　循环输出 1～10 的数，当输出到 5 时结束循环

（2）continue 语句

continue 语句必须用于循环结构中，它不是强制终止，它的作用是终止当前这一轮的循环，跳过本轮剩余的语句，直接进入当前循环的下一轮。对于 for 循环，continue 语句会导致执行条件测试和循环增量部分。对于 while 和 do while 循环，continue 语句会导致程序控制回到条件测试上。

continue 语句的格式是：continue 后加一个分号。

当有多层循环时，continue 所针对的只是 continue 语句所在循环的最内层循环。

【例 2-9】　使用 for 循环输出 1～10 的数，但是不输出 5。

```
static void Main(string[] args)
{
    for(int i=1; i<=10; i++)
    {
        if(i==5)
```

```
            {
                continue;
            }
            Console.WriteLine(i);
        }
        Console.Read();
    }
```

运行结果如图 2-5 所示。

图 2-5　循环输出 1~10 的数，但是不输出 5

（3）goto 语句

goto 语句用于将程序的流程从一个地方跳转至另一个地方。

goto 语句一般格式是：

goto 标号；

其中标号是一个标识符，它是放在其他地方用以指明 goto 语句所要转向的位置。定义标号的方式是标号后面加一个冒号（:）。

由于 goto 语句可以使程序的执行流程发生转向，使用 goto 语句容易造成混淆，因此，应该有限制地使用 goto 语句。goto 语句不能使控制转到一个语句块内部，更不能跳转到其他函数内部。

一般地，goto 语句是用来将控制转移到多层循环之外的，或者使用 goto 语句将流程转到一个公共的地方。

另外，在 switch 语句中，goto 语句还有这样的用法：

goto case 常量；

goto default；

它们用以表示在 switch 中由一种情况转向另一种情况。

【例 2-10】 使用 goto 语句判断输入的用户名和密码是否正确（用户名为 "abc"，密码为 "123"），如果正确，显示 "登录成功"，如果错误，显示 "用户名或密码错误"，并重新输入用户名、密码。

```
static void Main(string[] args)
    {
login:
        Console.WriteLine("请输入用户名");
        string username=Console.ReadLine();
        Console.WriteLine("请输入密码");
        string userpwd=Console.ReadLine();
        if (username=="aaa" && userpwd=="123")
        {
            Console.WriteLine("登录成功");
        }
        else
        {
            Console.WriteLine("用户名或密码错误");
            goto login;//返回 login 标签处重新输入用户名密码
        }
        Console.Read();
    }
```

运行效果如图 2-6 所示，当输入的用户名和密码错误时，程序自动跳转到标号 login，等待用户重新输入用户信息。

图 2-6 使用 goto 语句判断输入的用户名和密码是否正确

2.2.9 C# 的数组

数组（array）是有序数据的集合，数组中的每个元素具有相同的数据类型，可以用一个统一的数组名和下标来唯一地确定数组中的元素。C# 中数组的工作方式与大多数其他语言中的工作方式类似，但它们的差异也应引起注意。

2.2.9.1 数组的声明

C# 中的数组主要有三种形式：一维数组、多维数组和交错数组。下面分别说明。

（1）一维数组的声明

一维数组的声明方式为：

```
type[] arrayName;
```

其中类型（type）可以为 C# 中任意的数据类型，包括简单类型和非简单类型，数组名 arrayName 为一个合法的标识符，[] 指明该变量是一个数组类型变量，它必须放到数组名的前面。

要注意的是，在 C# 中，将方括号放在标识符后是不合法的。不能写成 int a [] 或 int a [5]。可以将 type [] 理解为一个整体，即 type 类型的数组类型。

例如：

```
int [] score;
```

声明了一个整型数组，数组中的每个元素为整型数据。与 C、C++ 不同，C# 数组的声明语句并不为数组元素分配内存，因此 [] 中不用指出数组中元素的个数（即数组长度），也就是说，数组的大小不是其类型的部分。

如果要使用数组，必须为数组元素分配内存空间，这时要用到运算符 new，其格式如下：

```
arrayName= new type [arraySize];
```

其中，arraySize 用来指明数组的长度。如：

```
score= new int [100];
```

为一个整型数组分配 100 个 int 型整数所占据的内存空间。

由于数组是引用类型，也就是说，score 变量本身是一个引用，它引用的空间（即 new 的空间）是数组实体所在的内存空间。

通常，声明数组及分配内存空间可以合写在一起，格式如下：

```
type[] arrayName=new type[arraySize];
```

例如：

```
int [] score=new int[3];
```

注意：数组用 new 分配空间的同时，数组的每个元素都会自动赋一个默认值（整数为 0、实数为 0.0、字符为 ^0′、布尔型为 fle、引用型为 mul）。这是因为数组实际上是一种引用型的变量，而其每个元素是引用型变量的成员变量。

（2）多维数组的声明

多维数组是指有多个下标的数组，数组的下标之间用逗号分开。声明多维数组的一般格式是：

```
type [] arrayName;
```

其中类型（type）可以为 C# 中任意的数据类型，数组名 arrayName 为一个合法的标识符，[] 指明该变量是一个数组类型变量，用多个逗号指明它是多维数组。用 1 个逗号表明是 2 维数组，用 2 个逗号表明是 3 维数组，以此类推。

例如：

```
double [] f;
```

声明了一个 2 维数组，数组中的每个元素为实型数据。

给多维数组分配内存空间，要用到 new 运算符。例如：

```
f= new double[3,4];
```

则表示分配了 3×4 个 double 型的内存空间。

还可以有更多维的数组。例如，可以有三维的数组：

```
int[] buttons=new int [4,5,3];
```

（3）交错数组的声明

交错数组（jagged array）是 C# 中特有的，它表示数组的数组。交错数组也有多个下标，每个下标都要用一个方括号。与多维数组不同的是，交错数组表示的每个数组元素又是一个数组，而且每个数组的元素个数可以不同。

声明交错数组的一般格式是：

```
type [][][] arrayName ;
```

其中类型（type）可以为 C# 中任意的数据类型，数组 arrayName 为一个合法的标识符，而用的方括号的个数与数组的维数相关。

例如：

```
byte [][] scores;
```

对于交错数组，进行内存空间的分配一般需要两步：首先对维分配空间，然后对每个数组进行空间的分配。

```
byte[][] scores=new byte[5][];
for (int x=0;x<scores. Length;x+ + )
{
scores[x]=new byte[4];
}
```

在复杂的情况下，甚至可以将矩形数组和交错数组混合使用。例如，下面的代码声明了类型为 int 的二维数组的三维数组的一维数组。

```
int [][,,][,] numbers;
```

当然，实际编程过程中，不宜使用过于复杂的数组。

值得注意的是，这里是 new byte [5] []，与 C 语言的二维数组不同，在 C 语言中二维数组做函数参数时写为 new byte [] [5]。

2.2.9.2　数组的初始化

数组可以进行初始化，即赋初始值。C# 通过将初始值括在大括号内为在声明时初始化数组提供了简单而直接的方法。

下面的示例表明了初始化不同类型的数组的一般方法。

（1）一维数组

```
int [] numbers={1,2,3,4,5};
```

```
string[] names={"Matt","Joanne","Robert"};
```

或者可以写全一点，如下所示：

```
int [] numbers=new int [5]{1,2,3,4,5};
string[] names=new string[3] {"Matt","Joanne","Robert"};
```

可省略数组的大小，如下所示：

```
int[] numbers=new int[] {1,2,3,4,5};
string[] names=new string[]("Matt","Joanne","Robert");
```

（2）多维数组

```
int[,] numbers={{1,2},{3,4},{5,6}};
string[,] siblings={{"Mike","Amy"},{"Mary","Albert"}};
```

或者可以写全一点，如下所示：

```
int [,] numbers=new int[3,2]{{1,2},{3,4},{5,6}};
string[,] siblings = new string[2,2] {{"Mike","Amy"},{"Mary","Al-
bert"}};
```

可省略数组的大小，如下所示：

```
int[,] numbers=new int[,] {{1,2},{3,4},{5,6}};
string[,] siblings=new string[,] {{"Mike","Amy"},{"Mary","Albert"}};
```

（3）交错的数组（数组的数组）

可以这样初始化交错的数组，如下所示：

```
int[][] numbers=new int[2][] {new int[] {2,3,4},new int[] {5,6,7,8,9}};
```

可省略外围数组的大小，如下所示：

```
int[][] numbers=new int[][] {new int[] {2,3,4},new int[]{5,6,7,8,9}};
```

或

```
int[][] numbers={new int[] {2,3,4},new int[] (5,6,7,8,9}};
```

【例 2-11】　ArrayDefine.cs 声明并初始化数组。

```
1 class ArrayDefine
2 {
3 static void Main()
4 int[] a1=new int[] {1,2,3};
5 int[,] a2=new int[] {{1,2,3},{4,5,6}};
6 int[] a3=new int [10,20,30];
7 int[][] j2=new int[3][];
8 j2 [0]=new int[] {1,2,3};
9 j2[1]=new int[] {1,2,3,4,5,6};
10 j2[2]=new int[] {1,2,3,4,5,6,7,8,9};
11          }
12 }
```

2.2.9.3 数组元素的使用

当定义了一个数组，并用运算符 new 为它分配了内存空间后，就可以访问数组中的每一个元素了。数组元素的访问方式为：

arrayName [index]

其中：index 为数组下标，它可以为整型常数或表达式，如 a[3]、b[i]（i 为整型）、c[6 * i]等。下标从 0 开始，一直到数组的长度减 1。对于 int[]score＝new int[100]数组来说，它有 100 个元素，分别为：score[0]、score[1]、…、score[99]。

类似地，使用下标可以访问多维数组及交错数组。

下面的代码声明一个多维数组，并向位于 [1,1] 的成员赋以 5：

int[,] numbers＝{{1,2},{3,4},{5,6},{7,8},{9,10}};

numbers[1,1]＝5;

下面声明一个二维交错数组，它包含两个元素。第一个元素是 2 个整数的数组，第二个元素是 3 个整数的数组：

int[][] numbers＝new int[][] {new int[] {1,2},new int[] {3,4,5}};

下面的语句向第一个数组的第一个元素赋以 58，向第二个数组的第二个元素赋以 667：

numbers[0][0]＝58;

numbers[1][1]＝667 ;

与 C、C＋＋中不同，在使用数组的下标时，C# 对数组元素要进行越界检查以保证安全性。当下标超过时，C# 会自动抛出异常，程序可以处理这种异常，如果不处理，程序会自动结束，以保证程序不访问到不该访问的内存区域。

【例 2-12】 创建一个字符串类型的数组，并存入 5 个值，然后将数组中奇数的元素输出。

```
static void Main(string[] args)
    {
```

图 2-7 数组中奇数的元素输出

```
string[] strs={"a","b","c","d","e" };
for (int i=0; i < strs. Length; i=i+ 2)
{
    Console. WriteLine(strs[i]);
}
Console. Read();
}
```

程序运行结果如图 2-7 所示。

2.3 任务实施

2.3.1 制作欢迎界面

设计程序，提示用户输入姓名，用户提交后显示图 2-8 的欢迎界面。

```
* * * * * * * * * * * * * * * *
您好×××，欢迎使用计算器小程序
* * * * * * * * * * * * * * * *
```

图 2-8 欢迎界面

开发过程如下。

① 新建控制台应用程序，名称为本次任务实施标题"2.3.1"，位置设置为指定文件夹，并选择控制台应用程序，点击"确定"按钮，如图 2-9 所示。

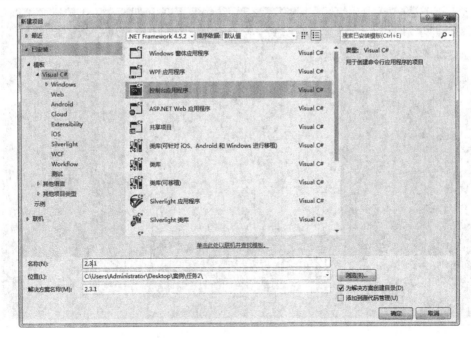

图 2-9 新建项目 2.3.1

② 在 Program.cs 文件中编写代码。

```
static void Main(string[] args)
    {
        string name;
        System.Console.WriteLine("请输入您的姓名:");
        name=System.Console.ReadLine();
        System.Console.WriteLine("*************************");
        System.Console.WriteLine("您好{0},欢迎使用本程序",name);
        System.Console.WriteLine("*************************");
        System.Console.ReadLine();
    }
```

解析：

string name；//定义字符串型变量，变量名为 name，用于保存属于用户的姓名信息

System.Console.WriteLine("请输入您的姓名:");//显示提示性文字

name= System.Console.ReadLine();//将用户输入的名字赋值给变量 name

System.Console.WriteLine("*************************");//显示符号 *

System.Console.WriteLine("您好{0},欢迎使用本程序",name);

System.Console.WriteLine("*************************"); //显示符号 *

System.Console.ReadLine();

③ 运行程序，测试结果，如图 2-10 所示。

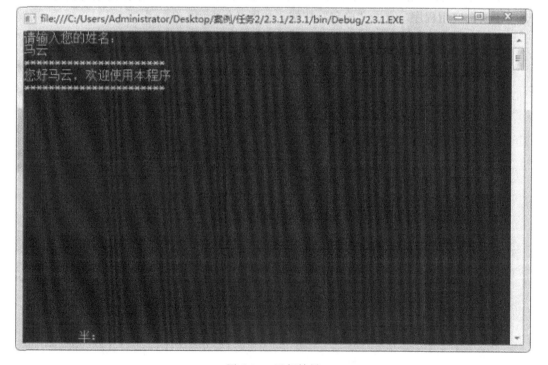

图 2-10　运行结果

2.3.2　开发求和程序

两个整数求和，利用公式 $c=a+b$，让用户在控制台分别输入 a 和 b 的值，并将结果在控制台中输出。

开发过程如下。

① 新建控制台应用程序，名称为本次任务实施标题 "2.3.2"，位置设置为指定文件夹，如图 2-11 所示。

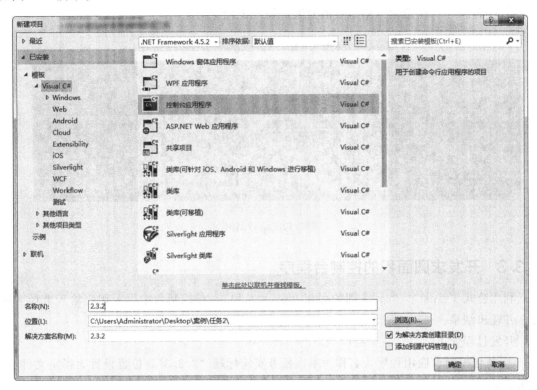

图 2-11　新建项目 2.3.2

② 编写代码。

```
static void Main(string[] args)
    {
        int a,b,c;
        System.Console.WriteLine("请输入整数 a 的值:");
        a=Convert.ToInt32(System.Console.ReadLine());
        System.Console.WriteLine("请输入整数 b 的值:");
        b=Convert.ToInt32(System.Console.ReadLine());
        c=a+ b;
        System.Console.WriteLine("运算结果{0}+{1}={2}",a,b,c);
        System.Console.ReadLine();
    }
```

解析：

int a,b,c;//定义 3 个整型变量,分别命名为 a、b、c

System. Console. WriteLine("请输入整数 a 的值:");

a=Convert. ToInt32(System. Console. ReadLine());//将控制台采集到的值赋值给变量 a,由于控制台采集到的数据为 string 类型,这里需要使用 Convert 进行类型转换,Convert. ToInt32 是将 string 类型转换为 int 类型

c=a+b; //求和运算,并将结果赋值给变量 c

System. Console. WriteLine("运算结果{0}+{1}={2}",a,b,c); //输出结果

③ 运行程序,任意输入整型数值测试,如图 2-12 所示。

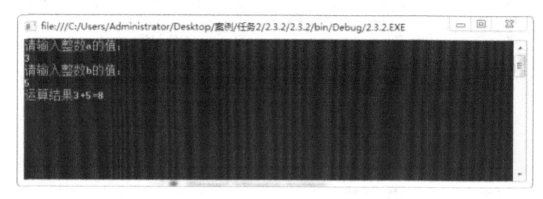

图 2-12 运行结果

2.3.3 开发求圆面积的控制台程序

利用公式 $s=pai×r×r$ 求圆的面积(pai=3.14),在控制台中提示用户输入半径 r 的值,并输出结果。

开发过程如下。

① 新建控制台应用程序,名称为本次任务实施标题"2.3.3",位置设置为指定文件夹,如图 2-13。

② 编写代码。

```
static void Main(string[] args)
    {
        double pai= 3.14;
        double s,r;
        System. Console. WriteLine("请输入圆的半径:");
        r=Convert. ToDouble(System. Console. ReadLine());
        s=pai * r * r;
        System. Console. WriteLine("半径为{0}的圆面积为{1}",r,s);
        System. Console. ReadLine();
    }
```

解析:

double pai=3.14; //定义 π,double 类型,值为 3.14

double s,r; //定义变量 r、s,分别为圆的半径和面积

图 2-13　新建项目 2.3.3

r= Convert.ToDouble(System.Console.ReadLine());　//将控制台采集的数值转换为 double 类型

③ 运行程序，任意输入半径值测试，如图 2-14 所示。

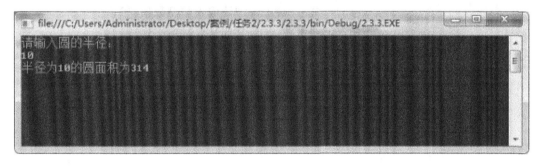

图 2-14　运行结果

2.3.4　开发奇偶数判断程序

运用函数开发程序，用户在控制台任意输入一个整数，程序判断这个整数是奇数还是偶数，并输出判断结果。

开发过程如下。

① 新建控制台应用程序，名称为本次任务实施标题"2.3.4"，位置设置为指定文件夹，如图 2-15 所示。

② 编写代码。

图 2-15 新建项目 2.3.4

```
static void Main(string[] args)
    {
        int a;
        System.Console.WriteLine("请输入整型数值：");
        a=Convert.ToInt32(System.Console.ReadLine());
        if(a% 2==0)
        {
            System.Console.WriteLine("{0}是偶数",a);
        }
        else
        {
            System.Console.WriteLine("{0}是奇数",a);
        }
        System.Console.ReadLine();
    }
```

③ 运行程序，输入数值 15，检测结果，如图 2-16 所示。

2.3.5 制作求和的程序

利用循环开发程序，对 $1 \sim n$ 的整数进行求和，其中 n 的值由用户在控制台中输入，并输出运行结果。

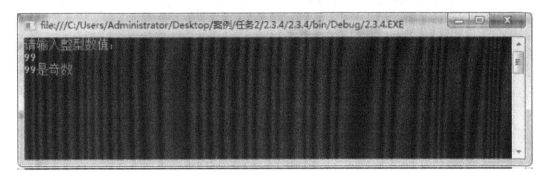

图 2-16 运行结果

开发过程如下。

① 新建控制台应用程序，名称为本次任务实施标题"2.3.5"，位置设置为指定文件夹，如图 2-17 所示。

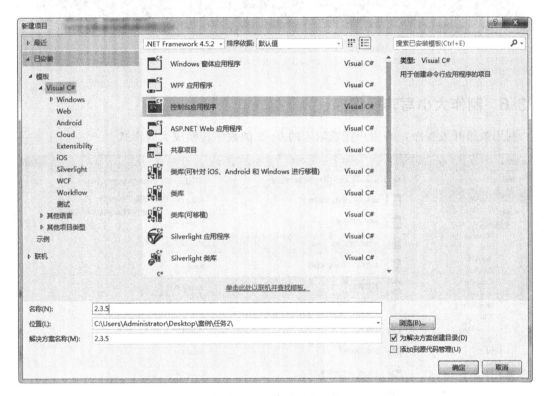

图 2-17 新建项目 2.3.5

② 编写代码。

```
static void Main(string[] args)
    {
        int i, n, s = 0;
        System.Console.WriteLine("请输入 n 的值:");
        n = Convert.ToInt32(System.Console.ReadLine());
```

```
    for(i=1;i<= n;i++ )
    {
        s=s+i;
    }
    System.Console.WriteLine("1到n的和为:{0}",s);
    System.Console.ReadLine();
}
```

③ 运行程序，输入数值 10，检测结果，如图 2-18 所示。

图 2-18　运行结果

2.3.6　制作大小写转换程序

利用数组开发程序，将用户任意输入的 0~9 的数字转换成大写形式。

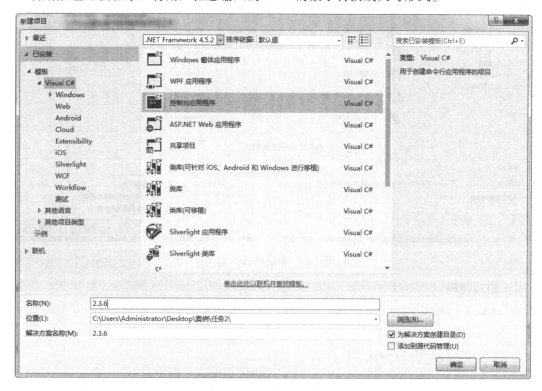

图 2-19　新建项目 2.3.6

开发过程如下。

① 新建控制台应用程序，名称为本次任务实施标题"2.3.6"，位置设置为指定文件夹，如图 2-19 所示。

② 编写代码。

```
static void Main(string[] args)
    {
        string[] a={"零","壹","贰","叁","肆","伍","陆","柒","捌","玖"};
        System.Console.WriteLine("请输入要转换的数值:");
        int n=Convert.ToInt32(System.Console.ReadLine());
        System.Console.WriteLine("数值{0}的大写形式为:{1}",n,a[n]);
        System.Console.ReadLine();
    }
```

解析：

string[] a= {"零","壹","贰","叁","肆","伍","陆","柒","捌","玖"};//定义字符串类型的数组 a[],并将 10 个大写数字赋值给该数组

③ 运行程序，输入数值 8，检测结果，如图 2-20 所示。

图 2-20　运行结果

2.4　巩固与提高

2.4.1　开发求梯形面积的控制台程序

开发控制台程序，求梯形的面积，上底长度、下底长度、高度由用户在控制台界面输入。

2.4.2　开发程序，计算出 1~n 之间有多少个偶数

当用户输入数值 n 后，程序计算出 1~n 之间有多少个偶数，并在控制台中显示。

2.4.3　开发程序，用户输入四个整数，对其求积

用户在控制台中连续输入四个整型数据后，计算出这四个数的积，并在控制台中输出

显示。

记一记：

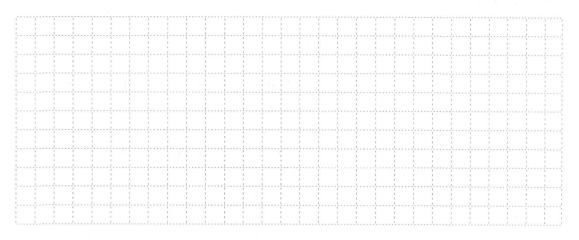

2.5 课后习题

(1) 在 C# 语言中，下列能够作为变量名的是（　　　）。

A. if　　　　　　　　B. 3ab　　　　　　C. a _ 3b　　　　　　D. a-bc

(2) 下列标识符中，非法的是（　　　）。

A. MyName　　　　B. c sharp　　　　C. abc2cd　　　　　D. _ 123

(3) C# 的数据类型分为（　　　）。

A. 值类型和调用类型　　　　　　　　B. 值类型和引用类型

C. 引用类型和关系类型　　　　　　　D. 关系类型和调用类型

(4) C# 中的值类型包括三种，它们是（　　　）。

A. 整型、浮点型和基本类型　　　　　B. 数值类型、字符类型和字符串类型

C. 简单类型、枚举类型、结构类型　　D. 数值类型、字符类型、枚举类型

(5) 下列选项中，（　　　）是引用类型。

A. enum 类型　　　　B. struct 类型　　　C. string 类型　　　D. int 类型

(6) 以下类型中，不是值类型的是（　　　）。

A. 整数类型　　　　　B. 布尔类型　　　　C. 类类型　　　　　D. 字符类型

(7) 下列数值类型的数据精度最高的是（　　　）。

A. int　　　　　　　B. float　　　　　　C. decimal　　　　　D. ulong

(8) 要使用变量 score 来存储学生某一门课程的成绩（百分制，可能出现小数部分），则最好将其定义为（　　　）类型的变量。

A. int　　　　　　　B. decimal　　　　　C. float　　　　　　D. double

(9) 在 C# 中，每个 int 类型的变量占用（　　　）个字节的内存。

A. 1　　　　　　　B. 2　　　　　　　C. 4　　　　　　　D. 8

（10）以下 C# 语句中，常量定义正确的是（　　）。

A. const double PI 3.1415926；　　　B. const double PI＝3.1415926；

C. define double PI 3.1415926；　　D. define double PI＝3.1415926；

（11）在 C# 中，表示一个字符串的变量应使用以下（　　）语句定义。

A. str as String；　B. String str；　　C. String * str；　D. char * str；

（12）在 C# 中，新建一个字符串变量 str，并将字符串"Tom's Living Room"保存到串中，则下列正确的语句是（　　）。

A. String　str＝"Tom\\'s Living Room"

B. String　str＝"Tom's Living Room"

C. String　str＝"Tom's Living Room"

D. String　* str＝"Tom's Living Room"

（13）在 C# 语言中，下面的运算符中，优先级最高的是（　　）。

A. ％　　　　　　　B. ++　　　　　　C. * ＝　　　　　　D. ＞

（14）表达式 5/2＋5％2－1 的值是（　　）。

A. 4　　　　　　　B. 2　　　　　　　C. 2.5　　　　　　D. 3.5

（15）能正确表示逻辑关系"a≥10 或 a≤0"的 C# 语言表达式是（　　）。

A. a＞＝10 or a＜＝0　　　　　　　B. a＞＝10 ｜ a＜＝0

C. a＞＝10 && a＜＝0　　　　　　　D. a＞＝10 ‖ a＜＝0

（16）已定义下列变量：

int n；　　　float f；　　　double df；　　　df＝10；　　　n＝2；

下列语句正确的是（　　）。

A. f＝12.3；　　B. n＝df；　　C. df＝n＝100；　　D. f＝df；

（17）下列表达式或语句中，有语法错误的是（　　）。

A. n＝12％3.0；（n 为 int 型）　　B. 12/3.0

C. 12/3　　　　　　　　　　　　D. 'a'＞'b'

（18）以下装箱、拆箱语句中，错误的有（　　）。

A. object obj＝100；　int m＝(int)obj

B. object obj＝100；　int m＝obj

C. object obj＝(int)100；　int m＝(int)obj

D. object obj＝(object)100；　int m＝(int)obj

（19）下面有关变量和常量的说法，正确的是（　　）。

A. 在程序运行过程中，变量的值是不能改变的，而常量是可以改变的

B. 常量定义必须使用关键字 const

C. 在给常量赋值的表达式中不能出现变量

D. 常量在内存中的存储单元是固定的，变量则是变动的

（20）代码 public static const int A＝1；中的错误是（　　）。

A. A 需要定义类型　　　　　　　　　B. 格式错误

C. const 不能用 static 修饰符　　　　D. const 不能用 public 修饰符

（21）以下对枚举类型的定义，正确的是（　　）。

A. enum a＝{one,two,three}　　　　B. enum a{a1,a2,a3}

C. enum a{'1','2','3'}　　　　　　　D. enum a{"one","two","three"}

（22）枚举型常量的值不可以是（　　）类型。

A. int　　　　　　B. long　　　　　　C. ushort　　　　　　D. double

（23）执行下列两条语句后，结果 s2 的值为（　　）。

string　s＝"abcdefgh";

string　s2＝s.Substring(2,3);

A. "bc"　　　　　　B. "cd"　　　　　　C. "bcd"　　　　　　D. "cde"

（24）在 C# 语言中，if 语句后面的表达式应该是（　　）。

A. 逻辑表达式　　　　　　　　　　　B. 条件表达式

C. 关系表达式　　　　　　　　　　　D. 布尔类型的表达式

（25）在 C# 语言中，if 语句后面的表达式，不能是（　　）。

A. 逻辑表达式　　　　　　　　　　　B. 算术表达式

C. 关系表达式　　　　　　　　　　　D. 布尔类型的表达式

（26）在 C# 语言中，switch 语句用（　　）来处理不匹配 case 语句的值。

A. default　　　　　B. anyelse　　　　C. break　　　　　　D. goto

（27）以下叙述正确的是（　　）。

A. do while 语句构成的循环不能用其他语句构成的循环来代替

B. do while 语句构成的循环只能用 break 语句结束循环

C. 用 do while 语句构成的循环，在 while 后的表达式为 true 时结束循环

D. 用 do while 语句构成的循环，在 while 后的表达式应为关系表达式或逻辑表达式

（28）以下关于 for 循环的说法不正确的是（　　）。

A. for 循环只能用于循环次数已经确定的情况

B. for 循环是先判定表达式，后执行循环体

C. 在 for 循环中，可以用 break 语句跳出循环体

D. for 循环体语句中，可以包含多条语句，但要用花括号括起来

（29）以下关于 if 语句和 switch 语句的说法，正确的是（　　）。

A. 如果在 if 语句和 switch 语句中嵌入 break 语句，则在程序执行过程中，一旦执行到 break 语句，就会结束相应的执行，转向执行其后面的语句

B. 凡是能够使用 if 语句的地方就可以使用 switch 语句，反之亦然

C. if 语句有 3 种基本形式：if…、if…else… 和 if…else if…else…

D. if 语句是实现"单判断二分支"的选择结构，switch 语句是实现"单判断多分支"的选择结构

（30）以下关于 for 循环的说法，不正确的是（　　）。

A. for 语句中的 3 个表达式都可以省略

B. for 语句中的 3 个表达式中，若第 2 个表达式的值为 true，则执行循环体中的语句，直到第 3 个表达式的返回值为 false

C. for 语句中的 3 个表达式中，第 2 个表达式必须是布尔类型的表达式，其他两个可以是任意类型的表达式

D. for 语句中的 3 个表达式中，第 1 个表达式执行且仅执行一次；每当循环体语句被执行后，第 3 个表达式都跟着被执行一次

（31）C# 提供的 4 种跳转语句中，不推荐使用的是（　　）。

A. return　　　　　B. break　　　　　C. continue　　　　　D. goto

项目三
面向对象程序开发

【项目背景】 面向对象是一种对现实世界理解和抽象的方法，是程序开发常用的方法之一，它把与事物相关的数据和方法组织成一个整体来看待，从更高的层面进行系统建模，使程序开发更贴近事物自然发展的过程。面向对象程序开发通过封装、继承、多态把程序的耦合度降低，使用设计模式让程序更加灵活、容易修改并且容易复用。评价一个程序的好坏，可以从可维护性、可复用性、可扩展性、灵活性以及程序之间的耦合关系来考量。所以深入理解面向对象的编程思想，对程序设计有着至关重要的意义。

3.1 任务目标

（1）导入用户基本信息

输入用户基础信息（姓名、密码、电话），完成对用户的创建，并将结果在控制台中输出。

（2）比较两个数值的大小

输入两个整数值，返回两个中的较大值，并将结果在控制台中输出。

（3）求圆的面积

输入圆的半径，输出圆的面积，并将结果在控制台中输出。

（4）求一个整数的阶乘

输入一个整数，计算出阶乘，并将结果在控制台中输出。

（5）互换两个变量的值

实现互换两个变量的值的函数，并将结果在控制台中输出。

3.2　技术准备

3.2.1　认识面向对象程序设计

　　面向对象（object oriented）是一种对现实世界理解和抽象的方法，是计算机编程技术发展到一定阶段后的产物，面向对象的思想已应用到软件开发的各个方面。如面向对象的分析（object oriented analysis，OOA）、面向对象的设计（object oriented design，OOD）、面向对象的编程实现（object oriented programming，OOP）等。面向对象的概念在数据库系统、分布式系统、人工智能等领域已广泛应用。

　　面向对象程序设计的基本思想是：对软件系统要模拟的客观实体以接近人类思维的方法进行自然分割，然后对客观实体进行结构模拟和功能模拟，从而使设计出来的软件尽可能直接地描述客观实体，实现构造模块化的、可重用的、维护方便的软件。

　　面向过程（procedure oriented）是一种以过程为中心的编程思想，是从上往下步步求精，所以面向过程最重要的是模块化的思想方法。面向过程的程序设计（procedure oriented programming，POP）中，问题被看作一系列需要完成的任务，函数则用于完成这些任务，解决问题的焦点集中于函数。

　　面向过程侧重于怎么做，特点如下：

　　① 把完成某一个需求的所有步骤从头到尾逐步实现；

　　② 根据开发要求，将某些功能独立的代码封装成一个又一个函数；

　　③ 最后完成的代码，就是顺序调用不同的函数；

　　④ 注重步骤与过程，不注重职责分工；

　　⑤ 如果需求复杂，代码会变得很复杂；

　　⑥ 开发复杂项目，没有固定的套路，开发难度很大。

　　面向对象侧重于谁来做，特点如下：

　　① 在完成某一个需求前，首先确定职责——要做的事（方法）；

　　② 根据职责确定不同的对象，在对象内部封装不同的方法（多个），即我们所说的函数；

　　③ 完成代码，就是顺序让不同的对象调用不同的方法；

　　④ 注重对象和职责，不同的对象承担不同的职责；

　　⑤ 更加适合复杂的需求变化，是为专门应对复杂项目的开发提供的固定套路；

　　⑥ 需要在面向过程的基础上，再学习一些面向对象的语法。

　　面向对象与面向过程的区别，如表 3-1 所示。

3.2.1.1　面向对象程序设计语言

　　（1）C++

　　C++读作"C加加"，是"C Plus Plus"的简称。顾名思义，C++ 是在 C 语言的基础上增加新特性，所以叫"C Plus Plus"。C++是 C 语言的继承，从语法上看，C 语言是C++ 的一部分，C 语言代码几乎不用修改就能够以 C++的方式编译，它既可以进行 C 语

表 3-1　面向对象与面向过程的区别

项目名称	面向对象程序设计	面向过程程序设计(结构化编程)
定义	面向对象顾名思义就是把现实中的事物都抽象成为程序设计中的"对象",其基本思想是一切皆对象,是一种"自下而上"的设计语言,先设计组件,再完成拼装	面向过程是"自上而下"的设计语言,先定好框架,再增砖添瓦。通俗点,就是先定好 Main()函数,然后再逐步实现 Main()函数中所要用到的其他方法
特点	封装、继承、多态	算法＋数据结构
优势	适用于大型复杂系统,方便复用	适用于简单系统,容易理解
劣势	比较抽象、性能比面向过程低	难以应对复杂系统、难以复用,不易维护,不易扩展
对比	易维护、易复用、易扩展,由于面向对象有封装、继承、多态的特点,可以设计出低耦合的系统,使系统更加灵活,更加易于维护	性能比面向对象高,因为类调用时需要实例化,开销比较大,比较消耗资源;比如单片机、嵌入式开发、Linux/Unix 等一般采用面向过程开发,性能是最重要的因素
设计语言	Java、C++、C#、Python 等	C、Fortran 等

言的过程化程序设计,又可以进行以抽象数据类型为特点的基于对象的程序设计,还可以进行以继承和多态为特点的面向对象的程序设计。C++支持面向过程编程、面向对象编程和泛型编程,而 C 语言仅支持面向过程编程。

(2) Java

Java 是一门面向对象编程语言,一方面,Java 语法与 C 语言和 C++语言很接近,大多数程序员很容易学习和使用;另一方面,Java 丢弃了 C++中很少使用的、很难理解的、令人迷惑的那些特性,如操作符重载、多继承、自动的强制类型转换。特别地,Java 语言不使用指针,而是引用,并提供了自动的废料收集,使得程序员不必为内存管理而担忧。

Java 具有简单性、面向对象、分布式、健壮性、安全性、平台独立与可移植性、多线程、动态性等特点。Java 可以编写桌面应用程序、Web 应用程序、分布式系统和嵌入式系统应用程序等。

(3) Python

Python 是一种跨平台的计算机程序设计语言,也是一种面向对象的动态类型语言,最初被设计用于编写自动化脚本 (Shell),随着版本的不断更新和语言新功能的添加,越来越多地被用于独立的、大型项目的开发。

Python 的设计哲学是"优雅""明确""简单"。由于 Python 语言的简洁性、易读性以及可扩展性,已成为最受欢迎的程序设计语言之一。其众多的扩展库所构成的开发环境十分适合工程技术、科研人员处理实验数据、制作图表,甚至开发科学计算应用程序。Python 支持命令式程序设计、面向对象程序设计、函数式编程、面向切面编程、泛型编程多种编程模式。与 Scheme、Ruby、Perl、Tcl 等动态语言一样,Python 具备垃圾回收功能,能够自动管理存储器。它经常被当作脚本语言用于处理系统管理任务和网络程序编写,同时它也非常适合完成各种高级任务。

3.2.1.2　面向对象程序基本特征

我们在没有接触类、对象、继承、接口之前,所有的代码都是堆在一起的,没有面向对象的概念,但接触了类、对象、继承、接口之后,我们要建立自己的面向对象编程的概念,在编码过程中，要让自己编写的程序是面向对象的，而不是一堆代码。

面向对象编程是将我们实际生活中的对象经过抽象，将它定义成为一个类，通过类的属性和方法来模拟生活中的这个对象。这样使得程序更容易结构化，抽象起来更方便。面向对象编程的 3 大特征是：封装、继承、多态。也就是说只要我们编写的程序当中使用了这 3 个特征，那就是面向对象的编程。

（1）封装

封装（encapsulation）是面向对象方法的重要原则，就是把对象的属性和操作（或服务）结合为一个独立的整体，并尽可能隐藏对象的内部实现细节。

封装的功能如下：

① 将类的某些信息隐藏在类的内部，不允许外部程序进行直接的访问调用。

② 通过该类提供的方法来实现对隐藏信息的操作和访问。

③ 隐藏对象的信息。

④ 留出访问的对外接口。

封装的特点如下：

① 对成员变量实行更准确的控制。

② 封装可以隐藏内部程序实现的细节。

③ 良好的封装能够减少代码之间的耦合度。

④ 外部成员无法修改已封装好的程序代码。

⑤ 方便数据检查，有利于保护对象信息的完整性，同时也提高程序的安全性。

⑥ 便于修改，提高代码的可维护性。

举个比较通俗的例子：USB 接口。如果我们需要使用外设，只需要将设备接入 USB 接口，而内部是如何工作的，对于使用者来说并不重要。而 USB 接口就是对外提供的访问接口。

（2）继承

继承（inheritance）是子类继承父类的特征和行为，使得子类对象（实例）具有父类的实例域和方法，或子类从父类继承方法，使得子类具有父类相同的行为。当然，如果在父类中拥有私有属性（private 修饰），则子类是不能被继承的。

继承的功能如下：

① 只支持单继承，即一个子类只允许有一个父类，但是可以实现多级继承，即子类拥有唯一的父类，而父类还可以再继承。

② 子类可以拥有父类的属性和方法。

③ 子类可以拥有自己的属性和方法。

④ 子类可以重写覆盖父类的方法。

继承的特点如下：

① 提高代码复用性。

② 父类的属性方法可以用于子类。

③ 可以轻松地定义子类。

④ 使设计应用程序变得简单。

继承也是面向对象编程的一个重大特征，是为了解决代码复用的问题而出现的，可以减少类与类之间的代码冗余的问题。

（3）多态

多态（polymorphism）是同一个行为具有多个不同表现形式或形态的能力。多态机制使具有不同内部结构的对象可以共享相同的外部接口。这意味着，虽然针对不同对象的具体操作不同，但通过一个公共的类，它们可以通过相同的方式予以调用。同一操作作用于不同的对象，可以有不同的解释，产生不同的执行结果。

多态的特点如下：

① 消除类型之间的耦合关系，实现低耦合；

② 灵活性；

③ 可扩充性；

④ 可替换性。

3.2.2　掌握类的使用

类就是一种数据结构，它定义数据并操作这些数据的代码。把握面向对象编程的重要一步就是区分类与对象，类是对其成员的一种封装，对类进行对象实例化，并在其数据成员上实施操作。实例化后的类为对象，其核心特征便是拥有了一份自己特有的数据成员拷贝：该类的成员。这些为对象所持有的数据成员称为实例成员。不为对象所持有的数据成员称为静态成员，在语法中用 static 修饰符声明。类的成员包含数据成员（常量、域、事件）和函数成员（方法、属性、索引器、操作符、构造函数、析构函数等）。

3.2.2.1　类的声明

在 C# 中必须先声明类，然后才能在程序中使用。

类的声明格式如下：

［类的属性］［访问修饰符］class 类名称［:父类名］

{

［成员修饰符］类的成员变量或者成员函数

}

3.2.2.2　类的成员

① 类的属性：类的属性集。

② 访问修饰符：说明类的特性。类的修饰符可以是以下几种之一或者是它们的组合。

new，只允许在嵌套类声明时使用，表明类中隐藏了由基类中继承而来的并且与基类中同名的成员。

public，公有类，允许对该类进行访问。

protected，受保护类，只能从所在类和所在类派生的子类中进行访问。

internal，内部类，在同一个项目里的所有代码都可以访问这个类。如果类没有添加访问修饰符，会被默认声明为"internal"。

private，私有类，只有本类才能访问。

abstract，抽象类，访问不受限制，但只能被继承，不能建立类的实例。

sealed，密封类，不允许被继承，只能建立类的实例。

③ class：声明类的关键字。

④ 类名称：自定义的类的名称。

⑤ 父类名：可以省略，表示被继承的类的名称。如果省略，则默认从 object 类继承而来。"父类名"也可以是接口，一个类可以继承多个接口，如果有多个接口时，请用逗号分隔开。类与类之间只能单继承，但是类可以在继承一个父类的同时继承一个或多个接口。如果在类的声明中，既有父类又有接口类，则需要在冒号后面先放父类，然后再放接口名。

示例：

```
1  class User              // 声明类,类名字为 User
2  {
3      public User()       // 构造函数,函数名与类名相同
4      {
5      .......
6      }
7                          // 类成员和方法
8  }
```

如果使用 public 关键字来声明类 User，则其他项目中的代码也可以访问这个类。在本例中没有使用访问修饰符，类会被默认声明为"internal"，表示只有在同一项目里的所有代码才可以访问这个类。

实例字段的初始化发生在创建一个类的实例时，它同样是按实例字段在类声明中的文本顺序执行的。

3.2.2.3　构造函数

对象创建好后，依次给对象的每个属性赋值，这个过程我们称为对象初始化。

创建类的对象是使用"类名 对象名＝new 类名()"的方式来实现的，实际上，"类名()"的形式调用的是类的构造方法，也就是说构造方法的名字是与类的名称相同的。

构造函数主要作用：对对象进行初始化。

语法：

```
1  访问修饰符   类名(参数列表)
2  {
3      语句块；
4  }
```

这里构造方法的访问修饰符通常是 public 类型的，这样在其他类中都可以创建该类的对象。如果将访问修饰符设置成 private 类型的，则无法创建该类的对象。构造方法中的参数与其他方法一样，都是 0 到多个参数。

此外，构造方法是在创建类的对象时被调用的。通常会将一些对类中成员初始化的操作放到构造方法中去完成。

特点：

① 可以重载。

② 类中默认会有一个无参数的构造函数，当你写了一个新的构造函数后（不管有参无参），那个默认的无参数的构造函数就消失了。

new 的作用：

① 在内存的堆中开辟空间；

② 在开辟的堆空间中创建对象；

③ 调用对象的构造函数。

3.2.3 掌握方法的使用

3.2.3.1 定义方法

当定义一个方法时，从根本上说是在声明它的结构的元素。在 C# 中，定义方法的语法如下：

```
1 〈Access Specifier〉〈Return Type〉〈Method Name〉(Parameter List)
2 {
3 Method Body
4 }
```

下面是方法的各个元素。

Access Specifier：访问修饰符，这个决定了变量或方法对于另一个类的可见性。

Return Type：返回类型，一个方法可以返回一个值。返回类型是方法返回值的数据类型。如果方法不返回任何值，则返回类型为 void。

Method Name：方法名称，是一个唯一的标识符，且是大小写敏感的。它不能与类中声明的其他标识符相同。

Parameter list：参数列表，使用圆括号括起来，该参数是用来传递和接收方法的数据。参数列表是指方法的参数类型、顺序和数量。参数是可选的，也就是说，一个方法可能不包含参数。

Method Body：方法主体，包含了完成任务所需的指令集。

3.2.3.2 参数传递

当调用带有参数的方法时，需要向方法传递参数。在 C# 中，有三种向方法传递参数的方式，如表 3-2 所示。

表 3-2　传递参数的方式

方式	描述
值参数	这种方式复制参数的实际值给函数的形式参数,实参和形参使用的是两个不同内存中的值。在这种情况下,当形参的值发生改变时,不会影响实参的值,从而保证了实参数据的安全
引用参数	这种方式复制参数的内存位置的引用给形式参数。这意味着,当形参的值发生改变时,同时也改变实参的值
输出参数	这种方式可以返回多个值

（1）值传递参数

这是参数传递的默认方式。在这种方式下，当调用一个方法时，会为每个值参数创建一个新的存储位置。

实际参数的值会复制给形参，实参和形参使用的是两个不同内存中的值。所以，当形参的值发生改变时，不会影响实参的值，从而保证了实参数据的安全。

（2）引用传递参数

引用参数是一个对变量的内存位置的引用。当按引用传递参数时，与值参数不同的是，它不会为这些参数创建一个新的存储位置。引用参数表示与提供给方法的实际参数具有相同的内存位置。

在 C# 中，使用 ref 关键字声明引用参数。下面的实例演示了这点。

【例 3-1】 使用 ref 关键字声明引用参数。

```
1  using System;
2  namespace CalculatorApplication
3  {
4      class NumberManipulator
5      {
6          public void swap(ref int x,ref int y)
7          {
8              int temp;
9              temp=x; //保存 x 的值
10             x=y;     //把 y 赋值给 x
11             y=temp; //把 temp 赋值给 y
12         }
13     static void Main(string[] args)
14     {
15             NumberManipulator n=new NumberManipulator();
16             //局部变量定义
17             int a=100;
18             int b=200;
19             Console.WriteLine("在交换之前,a 的值：{0}",a);
20             Console.WriteLine("在交换之前,b 的值：{0}",b);
21             //调用函数来交换值
22              n.swap(ref a,ref b);
23             Console.WriteLine("在交换之后,a 的值：{0}",a);
24             Console.WriteLine("在交换之后,b 的值：{0}",b);
25             Console.ReadLine();
26         }
27     }
28 }
```

当上面的代码被编译和执行时，它会产生下列结果：

在交换之前，a 的值：100　在交换之前，b 的值：200　在交换之后，a 的值：200　在交换之后，b 的值：100。

结果表明，swap 函数内的值改变了，且这个改变可以在 Main 函数中反映出来。

（3）输出传递参数

return 语句可用于从函数中返回一个值。但是，可以使用输出参数从函数中返回两个值。输出参数会把方法输出的数据赋给自己，其他方面与引用参数相似。

下面的实例演示了这点。

C#程序设计教程

【例3-2】 输出传递参数。

```csharp
1   using System;
2   namespace CalculatorApplication
3   {
4    class NumberManipulator
5    {
6      public void getValue(out int x )
7      {
8          int temp=5;
9          x=temp;
10       }
11
12       static void Main(string[] args)
13       {
14          NumberManipulator n=new NumberManipulator();
15          //局部变量定义
16          int a= 100;
17          Console.WriteLine("在方法调用之前,a 的值：{0}",a);
18          //调用函数来获取值
19          n.getValue(out a);
20          Console.WriteLine("在方法调用之后,a 的值：{0}",a);
21          Console.ReadLine();
22       }
23    }
24   }
```

当上面的代码被编译和执行时，它会产生下列结果：

在方法调用之前，a 的值：100 在方法调用之后，a 的值：5。

提供给输出参数的变量不需要赋值。当需要从一个参数没有指定初始值的方法中返回值时，输出参数特别有用。请看下面的实例，来理解这一点。

【例3-3】 提供输出参数。

```csharp
1   using System;
2   namespace CalculatorApplication
3   {
4    class NumberManipulator
5    {
6      public void getValues(out int x,out int y )
7      {
8          Console.WriteLine("请输入第一个值：");
9          x=Convert.ToInt32(Console.ReadLine());
10         Console.WriteLine("请输入第二个值：");
```

066

```
11        y=Convert.ToInt32(Console.ReadLine());
12    }
13    static void Main(string[] args)
14    {
15        NumberManipulator n=new NumberManipulator();
16        //局部变量定义
17        int a ,b;
18        //调用函数来获取值
19        n.getValues(out a,out b);
20        Console.WriteLine("在方法调用之后,a 的值：{0}",a);
21        Console.WriteLine("在方法调用之后,b 的值：{0}",b);
22        Console.ReadLine();
23    }
24    }
25 }
```

当上面的代码被编译和执行时，它会产生下列结果（取决于用户输入）：

请输入第一个值：7　请输入第二个值：8　在方法调用之后，a 的值：7　在方法调用之后，b 的值：8。

3.2.3.3　方法的重载

首先解释一下什么是方法重载。方法重载是指在同一个类中方法同名、参数不同，调用时根据实参的形式，选择与它匹配的方法执行操作的一种技术。

这里所说的参数不同是指以下几种情况：

① 参数的类型不同。

② 参数的个数不同。

③ 参数的个数相同时他们的先后顺序不同。

下面的两个方法不可以在同一个类里，否则系统会报错：

① 返回类型不同，方法名和参数的个数、顺序、类型都相同的两个方法。

② 返回类型相同，方法名和参数的个数、顺序、类型都相同的两个方法，但是参数的名字不同。

例如：

```
a. protected  void A(){
   Console.WriteLine("aaaaaaaaaaaa");
   }
b. protected void A(string s,int a){//正确的方法重载
   Console.WriteLine("cccccccccccc");
   }
c. protected void A(string a,int s){
   Console.WriteLine("cccccccccccc");
   }
d. protected void A(int a,string s) {
```

```
      Console.WriteLine("bbbbbbbbbb");
   }
```

a 与 b 是方法重载。b 与 c 和 d 比较一下：b 与 c 是同一个方法，因为它们只是参数的名字不同，b 与 d 是正确的方法重载，因为它们参数的顺序不同。

适用范围：普通方法和构造方法都可以。

3.2.4 掌握属性的使用

属性是一种用于访问对象或类的特性的成员。

属性有访问器，这些访问器指定在它们的值被读取或者写入时所需要执行的语句。

我们知道的访问器有 get 访问器和 set 访问器两种。

3.2.4.1 属性的声明

```
1  public class Person
2  {
3  private string name;//定义一个私有的字段,外部不能对私有变量 name 直接进行
4  读写,但可以通过其属性进行。定义字段用小写
5  public string Name //属性的访问级别,属性的类型,属性的名称,定义属性用大写
6  {
7  get{return name;}    //两种访问器,读和写
8  set{name=value;}//关键字 value
9    }
10  }
```

3.2.4.2 属性的使用

```
1  class CreateStudent
2  {
3    static void Main(string[] args)
4    {
5        Student stu=new Student();//实例化 Student 类
6        stuName="张同学";//为姓名属性赋值
7        Console.WriteLine(stu.Name);
8        //输出的结果为   张同学
9    }
10  }
```

可以通过代码块的部分实现只读和只写。

只读：

```
1  private string name;
2  public string Name{
3  get{
```

```
4  return name;
5      }
```

只写：

```
1  private string name;
2  public string Name{
3  set{
4  name=value;
5      }
```

3.2.5　掌握类的继承与多态

目前的面向对象编程语言都提供了继承和多态的功能，C# 作为一种面向对象的高级编程语言也具有这样的特点。继承是面向对象语言的基本特征，它使得在原有的类基础之上，可以对原有的程序进行扩展，从而提高程序开发的效率，实现代码的复用。同种方法作用于不同对象可能产生不同的结果，这就是多态性。它是通过在基类中使用虚方法，在其派生类中使用重载实现的。

3.2.5.1　继承

（1）类的继承

类的继承是最为普遍的事情，可是类又有很多类型可分，比如抽象类、用 new 声明的类等，他们的基本继承方法是一样的，都是用"："来继承的，只不过是父类中的方法重写规则是不一样的，下面来分情况概述。

C# 中子类重写父类方法的几种情况，关键字：virtual、abstract、override、new。

① virtual：标识可能但不是必须被子类重写的方法，父类必须给出默认实现，子类可以重写（使用 override、new 或无特殊标识的普通方法），也可以不重写该方法。

② abstract：标识必须被子类重写的方法，父类不给出实现，子类必须用 override 关键字重写该方法。

③ override：标识重写父类的方法，父类方法必须是用 abstract、virtual、override 之一声明，运行时将根据实例的类型而不是引用的类型调用对象的方法。

④ new：标识重写父类的方法，父类方法可以用 virtual、override、new 之一声明，也可以是没有特殊标识的普通方法，运行时会根据引用的类型选择调用父类还是子类的方法。重写父类方法时，使用 new 关键字与使用没有特殊标识的普通方法是等效的，但是后者会给出一个编译警告。

综上，在非抽象类和隐藏继承的 new 下的类的重写都要用 virtual 来声明方法。继承举例：

```
1  class Basic
2  {
3  public virtual void basement()
4  {
```

```
5  Console.Writeline("Basic");
6  }
7  }
8  class  Derived :Basic              //继承 Basic
9  {
10  public override void basement()      //改写 basement 方法
11    {
12  Console.Writeline("show!")
13    }
14  }
```

（2）接口的继承

和类的继承一样，接口也可以继承。接口可以从一个或者多个接口中继承，而类只能从一个类中继承，如果从多个接口中继承，用"："跟被继承接口名，被继承接口名之间用"，"隔开，如：

```
1  interface  A
2  {
3  void  Paint();
4  }
5  interface  B:A              //B 继承于 A
6  {
7  void  SetText(string text);
8  }
9  interface  C:A              //C 继承于 A
10  {
11  void  SetItems(string() Items);
12  }
13  interface  D:B,C           //D 继承于 B、C
14  {
15  }
```

接口 D 继承了 A、B、C 的三个接口的特性，可见接口的继承具有传递性。

3.2.5.2 多态

首先解释下什么叫多态：同一操作作用于不同的对象，可以有不同的解释，产生不同的执行结果。换句话说，就是同一个类型的实例调用"相同"的方法，产生的结果是不同的。这里的"相同"打上双引号是因为这里的相同的方法仅仅是看上去相同，实际上它们调用的方法是不同的。

（1）重载（overload）

在同一个作用域（一般指一个类）的两个或多个方法函数名相同，参数列表不同的方法叫作重载，它们有三个特点（"两必须一可以"）：

① 方法名必须相同；

② 参数列表必须不相同；

③ 返回值类型可以不相同。

例如：

```
1  public void Sleep()
2  {
3  Console.WriteLine("Animal 睡觉");
4  }
5  publicintSleep(inttime)
6  {
7  Console.WriteLine("Animal{0}点睡觉",time);
8  returntime;
9  }
```

（2）重写（override）

子类中为满足自己的需要来重复定义某个方法的不同实现，需要用 override 关键字，被重写的方法必须是虚方法，用的是 virtual 关键字。它的特点是（"三个相同"）：

① 相同的方法名；

② 相同的参数列表；

③ 相同的返回值。

如父类中的定义：

```
1  public virtual void EatFood(){
2  Console.WriteLine("Animal 吃东西");}
```

子类中的定义：

```
1  public override void EatFood(){
2  Console.WriteLine("Cat 吃东西");
3    }
```

3.2.6 类型转换

3.2.6.1 隐式转换

隐式转换就是系统默认的、不需要加以声明就可以进行的转换。隐式转换不要求在源代码中使用任何特殊语法，编译器自动执行隐式转换。在隐式转换过程中，编译器无须对转换进行详细检查就能够安全地执行转换。隐式转换也称为"扩展转换"，因为要将窄数据类型转换为宽数据类型，且还要确保不会在转换过程中丢失数据（注意：①转换前后的类型必须相兼容，例如，int 和 double；②隐式数值转换实际上就是从低精度的数值类型到高精度的数值类型的转换，即小的类型转大的类型）。例如：

```
1  int a=10;
2  double b=a;//隐式转换
```

3.2.6.2 显式转换

显式转换，又叫强制类型转换。与隐式转换正好相反，显式转换需要用户明确地指定转换的类型。显式转换包括所有的隐式转换，也就是说把任何系统允许的隐式转换写成显式转换的形式都是允许的。用（）实现显示转换，这表示，把转换的目标类型名放在要转换的值之前的圆括号中。例如：

```
1  long val=30000;
2  int i=(int)val;//显式转换
```

提醒：

① 显式转换可能会导致错误。进行这种转换时，编译器将对转换进行溢出检测。如果有溢出说明转换失败，就表明源类型不是一个合法的目标类型，无法进行类型转换。

② 强制类型转换会造成数据精度丢失。

3.2.6.3 通过方法进行类型转换

（1）使用 ToString（）方法

所有类型都继承了 Object 基类，所以都有 ToString（）这个方法（转化成字符串的方法）。例如：

```
1  int i=200;
2  string s=i.ToString();     //这样字符串类型变量 s 的值就是"200"
```

（2）通过 int.Parse（）方法转换

参数类型只支持 string 类型。注意：使用该方法转换时 string 的值不能为 null，不然无法通过转换；另外 string 类型参数也只能是各种整型，不能是浮点型，不然也无法通过转换［例如 int.Parse("2.0")就无法通过转换］。例如：

```
1  int i;
2  i=int.Parse("100");
```

（3）通过 int.TryParse（）方法转换

该转换方法与 int.Parse（）转换方法类似，不同点在于 int.Parse（）方法无法转换成功的情况下该方法能正常执行并返回 0。也就是说 int.TryParse（）方法比 int.Parse（）方法多了一个异常处理，如果出现异常则返回 false，并且将输出参数返回 0。例如：

```
1  int i;
2  string s=null;
3  int.TryParse(s,out i);
4  bool isSuccess=int.TryParse("12",out i);//输出值为 12;True
5  bool isSuccess=int.TryParse("ss",out i);//输出值为 0;False
6  bool isSuccess=int.TryParse("",out i);//输出值为 0;False
```

3.2.6.4 使用 AS 操作符转换

使用 AS 操作符转换有很多好处，当无法进行类型转换时，会将对象赋值为 null，避免类型转换时报错或是出异常，但是 AS 操作符转换只能用于引用类型和可为空的类型。C#抛出异常、捕获异常并进行处理是很消耗资源的，如果只是将对象赋值为 null 的话是几乎不消耗资源的（消耗很小的资源）。

3.2.7　掌握结构体与接口

3.2.7.1　结构体

对于C++语言来说，其实结构体和类几乎没有什么太大的区别。类能够实现的功能，使用结构体大部分也可以。不过，在C#里面，我们把结构体看作是一种轻量的类的替代品。它和类一样有构造方法、属性、成员属性/数据，甚至是操作符。注意struct构造方法必须有传入参数。当然struct也不是完全支持类的所有功能的。首先，结构体无法进行继承，也就是说，结构体不像类那样灵活，代码也无法复用。其次，也是非常重要的一点：结构体是一种值类型，而类是引用类型。总的来说，一般只在定义一些少量内容、较简单的类型时才会用到结构体。结构体的声明十分的简单，这里就不举例了。

3.2.7.2　接口

C#和Java支持接口，而C++是不支持的。如果你了解抽象类是什么，那么这个接口就是和它相似的东西。接口优于抽象类的地方在于：当类继承了某个抽象类时，这个抽象类就作为基类存在；而接口则是将一种合同式的约定混入已成立的继承树中。这句话可以理解为，由于C#的单继承要求（即一个子类只能继承一个父类），当希望"继承"多个不同的类时，就无法通过继承实现了，而类是可以实现多个接口的。

```
1  abstract class Walk
2  {
3      abstract public void SomeMethod();
4  }
```

```
1  interface IWalk  // 接口的命名一般以大写 I 开头
2  {
3      void SomeMethod();
4  }
```

上面两段代码，一个是抽象类，一个是接口。现在考虑如果我们有另一个类Run，需要创造一个Person类同时继承Walk和Run（人既能跑又能跳）。

```
1  public class Person:Walk,Run
2  {
3  }
```

这种方法就不能实现，因为一个类不能有多个父类。

```
1  public class Person:IWalk,Run
2  {
3  }
```

只能这样实现。在继承树中，Run是Person的父类，而IWalk只是在Person上加入的协定，不影响继承树。

3.2.8　掌握异常处理的使用方法

异常是在程序执行期间出现的问题。C#中的异常是对程序运行时出现特殊情况的一种响应，比如尝试除以零。

异常提供了一种把程序控制权从某个部分转移到另一个部分的方式。C# 异常处理是建立在四个关键词之上的：try、catch、finally 和 throw。try：一个 try 块标识了一个将被激活的、特定的、异常的代码块，后跟一个或多个 catch 块。catch：程序通过异常处理程序捕获异常，catch 关键字表示异常的捕获。finally：finally 块用于执行给定的语句，不管异常是否被抛出都会执行。例如，如果您打开一个文件，不管是否出现异常文件都要被关闭。throw：当问题出现时，程序抛出一个异常，使用 throw 关键字来完成。

（1）语法

假设一个块将出现异常，使用 try 和 catch 关键字捕获异常。try/catch 块内的代码为受保护的代码，使用 try/catch 语法如下所示。

```
1  try
2  {
3      // 引起异常的语句
4  }
5  catch(ExceptionName e1 )
6  {
7      // 错误处理代码
8  }
9  catch(ExceptionName e2 )
10 {
11      // 错误处理代码
12 }
13 catch(ExceptionName eN )
14 {
15      // 错误处理代码
16 }
17 finally
18 {
19      // 要执行的语句
20 }
```

可以列出多个 catch 语句捕获不同类型的异常，以防 try 块在不同的情况下生成多个异常。

（2）C# 中的异常类

C# 异常是使用类来表示的。C# 中的异常类主要是直接或间接地派生于 System. Exception 的类。System. ApplicationException 和 System. SystemException 类是派生于 System. Exception 类的异常类。

System. ApplicationException 类支持由应用程序生成的异常。所以程序员定义的异常都应派生自该类。

System. SystemException 类是所有预定义的系统异常的基类。

表 3-3 列出了一些派生自 System. SystemException 类的预定义的异常类。

表 3-3 异常类的说明

异常类	说明
System. IO. IOException	处理 I/O 错误
System. IndexOutOfRangeException	处理当方法指向超出范围的数组索引时生成的错误
System. ArrayTypeMismatchException	处理当数组类型不匹配时生成的错误
System. NullReferenceException	处理当依从一个空对象时生成的错误
System. DivideByZeroException	处理当除以零时生成的错误
System. InvalidCastException	处理在类型转换期间生成的错误
System. OutOfMemoryException	处理空闲内存不足生成的错误
System. StackOverflowException	处理栈溢出生成的错误

（3）异常处理

C# 以 try 和 catch 块的形式提供了一种结构化的异常处理方案。使用这些块，把核心程序语句与错误处理语句分离。

这些错误处理块是使用 try、catch 和 finally 关键字实现的。下面是一个当除以零时抛出异常的实例。

【例 3-4】 异常处理。

```
1  using System;
2  namespace ErrorHandlingApplication
3  {
4  class DivNumbers
5  {
6      int result;
7      DivNumbers()
8      {
9      result=0;
10      }
11      public void division(int num1,int num2)
12      {
13        try
14        {
15          result=num1 / num2;
16        }
17        catch (DivideByZeroException e)
18        {
19        Console. WriteLine("Exception caught：{0}",e);
20        }
```

```
21        finally
22        {
23          Console.WriteLine("Result: {0}",result);
24        }
25        }
26     static void Main(string[] args)
27     {
28        DivNumbers d= new DivNumbers();
29        d.division(25,0);
30        Console.ReadKey();
31    }
32   }
33 }
```

（4）创建用户自定义异常

用户自定义的异常类是派生自 ApplicationException 类。下面的实例演示了这点。

【例3-5】 创建用户自定义异常。

```
1  using System;
2  namespace UserDefinedException
3  {
4     class TestTemperature
5     {
6   static void Main(string[] args)
7   {
8            Temperature temp= new Temperature();
9   try
10    {
11    temp.showTemp();
12    }
13    catch(TempIsZeroException e)
14    {
15    Console.WriteLine("TempIsZeroException: {0}",e.Message);
16    }
17    Console.ReadKey();
18    }
19   }
20 }
21   public class TempIsZeroException: ApplicationException{
22  public TempIsZeroException(string message): base(message)
```

```
23  {
24  }
25  }
26  public class Temperature{
27  int temperature= 0;
28  public void showTemp()
29  {
30    if(temperature= = 0)
31    {
32      throw (new TempIsZeroException("Zero Temperature found")
33  );
34    }
35    else
36    {
37        Console.WriteLine("Temperature: {0}",temperature);
38    }
39  }
40  }
```

（5）抛出对象

如果异常是直接或间接派生自 System. Exception 类，可以抛出一个对象。可以在 catch 块中使用 throw 语句来抛出当前的对象，如下所示。

```
1  Catch(Exception e)
2  {
3      ...
4      Throw e
5  }
```

3.3 任务实施

3.3.1 注册用户

```
1  class User
2  {
3    public User(string name,string password,string tel)
4    {
5        this. Name=name;
6        this. Password=password;
```

```
7         this.Tel=tel;
8     }
9         public string Name {get; set; }
10        public string Password {get; set; }
11        public string Tel {get; set; }
12        public void PrintMsg()
13        {
14            Console.WriteLine("用户名:"+ this.Name);
15            Console.WriteLine("密  码:"+ this.Password);
16            Console.WriteLine("手机号:"+ this.Tel);
17        }
18     }
```

在上面程序的构造方法中含有 3 个参数，为每一个属性赋值。这里用"this. 属性名"的方式调用属性，this 关键字表示当前类的对象。

在 Main 方法中调用方法的代码如下。

```
1  class CreateUser
2  {
3     static void Main(string[] args)
4     {
5        User user= new User("李老师","123456","131313511111");
6        user.PrintMsg();
7     }
8  }
```

3.3.2   比较两个数值的大小

```
1  class NumberManipulator
2  {
3   public int FindMax(int num1,int num2)
4   {
5      //局部变量声明
6      int result;
7      if (num1> num2)
8        result=num1;
9      else
10         result=num2;
11     return result;
12   }
13   }
```

C# 中调用方法。读者可以使用方法名调用方法。下面的实例演示了这点。

【例 3-6】　使用方法名调用方法。

```
1  using System;
2  namespace CalculatorApplication
3  {
4    class NumberManipulator
5    {
6      public int FindMax(int num1,int num2)
7      {
8        //局部变量声明
9        int result;
10       if (num1> num2)
11           result=num1;
12       else
13           result=num2;
14       return result;
15     }
16     static void Main(string[] args)
17     {
18       //局部变量定义
19       int a=100;
20       int b=200;
21       int ret;
22       NumberManipulator n=new NumberManipulator();
23       //调用 FindMax 方法
24       ret=n. FindMax(a,b);
25       Console. WriteLine("最大值是：{0}",ret );
26       Console. ReadLine();
27     }
28   }
29 }
```

当上面的代码被编译和执行时，它会产生下列结果：

"最大值是：200"。

读者也可以使用类的实例从另一个类中调用其他类的公有方法。例如，方法 FindMax 属于 NumberManipulator 类，可以从另一个类 Test 中调用它。

【例 3-7】　使用类的实例从另一个类中调用其他公有方法。

```
1  using System;
2  namespace CalculatorApplication
```

```
3  {
4  class NumberManipulator
5    {
6      public int FindMax(int num1,int num2)
7      {
8          //局部变量声明
9           int result;
10          if (num1> num2)
11             result=num1;
12          else
13             result=num2;
14          return result;
15      }
16   }
17   class Test
18   {
19     static void Main(string[] args)
20      {
21          //局部变量定义
22          int a=100;
23          int b=200;
24          int ret;
25          NumberManipulator n=new NumberManipulator();
26          //调用 FindMax 方法
27          ret=n. FindMax(a,b);
28          Console. WriteLine("最大值是：{0}",ret );
29          Console. ReadLine();
30      }
31    }
32  }
```

当上面的代码被编译和执行时，它会产生下列结果：

"最大值是：200"。

3.3.3 求圆的面积

【例 3-8】 求圆的面积。

```
1  public  class shape()
2  {
3  public  const  double  pi=3. 1415926;
```

```
4  protected  double  x,y;
5  public  shape()
6  {
7  }
8  public  shape(double  x,double  y)
9  {
10     this.x=x;
11     this.y=y;
12    }
13   public  virtual  double  getarea()
14   {
15     return  x*y;
16    }
17  }
18  public  class circle:shape
19  {
20   public  circle  (double  r):base(r,0)
21    {
22    }
23   public  override double  getarea()            //重写方法
24    {
25     return  pi*x*x;
26    }
27  }
28  public  class  PloTest
29  {
30   public  static  void Main()
31    {
32    double  r=6.0;
33    circle  c=new  circle(r);
34    Console.Writeline("圆的面积是:{0}",c.getarea);  //调用多态的方法
35    }
36  }
```

3.3.4　求一个整数的阶乘

【例3-9】　求一个整数的阶乘。

```
1  using System;
```

```
2    namespace CalculatorApplication
3    {
4    class NumberManipulator
5    {
6        public int factorial(int num)
7        {
8            //局部变量定义
9            int result;
10           if (num==1)
11           {
12               return 1;
13           }
14           else
15           {
16               result=factorial(num -1) * num;
17               return result;
18           }
19       }
20
21   static void Main(string[] args)
22       {
23           NumberManipulator n=new NumberManipulator();
24           //调用 factorial 方法
25           Console.WriteLine("6 的阶乘是：{0}",n.factorial(6));
26           Console.WriteLine("7 的阶乘是：{0}",n.factorial(7));
27           Console.WriteLine("8 的阶乘是：{0}",n.factorial(8));
28           Console.ReadLine();
29       }
30   }
31   }
```

当上面的代码被编译和执行时，它会产生下列结果：

"6 的阶乘是：720   7 的阶乘是：5040   8 的阶乘是：40320"。

3.3.5 互换两个变量的值

【例 3-10】 互换两个变量的值。

```
1    using System;
2    namespace CalculatorApplication
```

```
3  {
4  class NumberManipulator
5  {
6      public void swap(int x,int y)
7      {
8         int temp；
9
10         temp=x；// 保存 x 的值
11         x=y；     //把 y 赋值给 x
12         y=temp；//把 temp 赋值给 y
13      }
14
15      static void Main(string[] args)
16      {
17         NumberManipulator n=new NumberManipulator();
18         // 局部变量定义
19         int a=100;
20         int b=200;
21
22         Console.WriteLine("在交换之前,a 的值：{0}",a);
23         Console.WriteLine("在交换之前,b 的值：{0}",b);
24
25         // 调用函数来交换值
26         n.swap(a,b);
27
28         Console.WriteLine("在交换之后,a 的值：{0}",a);
29         Console.WriteLine("在交换之后,b 的值：{0}",b);
30
31         Console.ReadLine();
32      }
33   }
34  }
```

当上面的代码被编译和执行时，它会产生下列结果：

"在交换之前，a 的值：100 在交换之前，b 的值：200 在交换之后，a 的值：100 在交换之后，b 的值：200"。

3.4 巩固与提高

3.4.1 定义一个人类 Person

① 拥有保护字段：身份证号 strIDCard、姓名 strName、性别 strGender、年龄 iAge、职业 strProfession、联系方式 strPhone，并定义相应的属性；

② 定义一个（虚）函数 OutPut（），输出人类信息；

③ 定义默认的构造函数；

④ 拥有（身份证号 strIDCard、姓名 strName、性别 strGender、年龄 iAge）参数的构造函数。

3.4.2 定义一个学生类：student，派生于人类

① 拥有私有字段：学号 strStudent _ ID、班级 strClass、系别 strAcademy，并定义相应属性；

② 重写构造函数并调用父类的构造函数。

3.4.3 定义一个从 ArrayList 类型派生的 myArrayList 的课程表：Courses

保存的是学生可选的学习课程：{面向对象，数据库，高等数学，大学英语}。

记一记：

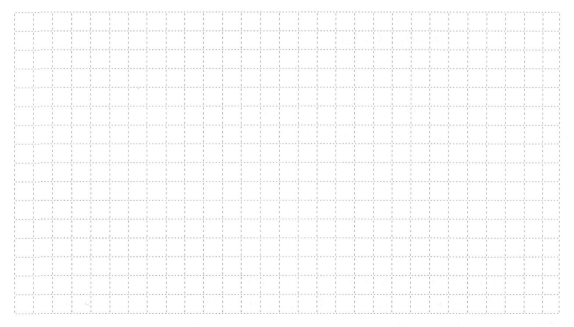

3.5　课后习题

3.5.1　选择题

（1）下列关于类的描述中，错误的是（　　）。

A. 类就是 C 语言中的结构类型

B. 类是创建对象的模板

C. 类是抽象数据类型的实现

D. 类是具有共同行为的若干对象的统一描述体

（2）下列常量中，不是字符常量的是（　　）。

A. '\n'　　　　　　　　B. "y"　　　　　　　　C. 'x'　　　　　　　　D. '\7'

（3）下列表达式中，其值为 0 的是（　　）。

A. 5/10　　　　　　　　B. ! 0　　　　　　　　C. 2＞4? 0：1　　　　D. 2＆＆2 ‖ 0

（4）下列关于数组维数的描述中，错误的是（　　）。

A. 定义数组时必须将每维的大小都明确指出

B. 二维数组是指该数组的维数为 2

C. 数组的维数可以使用常量表达式

D. 数组元素个数等于该数组的各维大小的乘积

（5）下列关于字符数组的描述中，错误的是（　　）。

A. 字符数组中的每一个元素都是字符

B. 字符数组可以使用初始值表进行初始化

C. 字符数组可以存放字符串

D. 字符数组就是字符串

（6）下列关于类的定义格式的描述中，错误的是（　　）。

A. 类中成员有 3 种访问权限

B. 类的定义可分说明部分和实现部分

C. 类中成员函数都是公有的，数据成员都是私有的

D. 定义类的关键字通常用 class，也可用 struct

（7）下列关于成员函数的描述中，错误的是（　　）。

A. 成员函数的定义必须在类体外

B. 成员函数可以是公有的，也可以是私有的

C. 成员函数在类体外定义时，前加 inline 可为内联函数

D. 成员函数可以设置参数的默认值

（8）下列关于构造函数的描述中，错误的是（　　）。

A. 构造函数可以重载　　　　　　　　　　B. 构造函数名同类名

C. 带参数的构造函数具有类型转换作用　　D. 构造函数是系统自动调用的

（9）下列关于静态成员的描述中，错误的是（　　）。

A. 静态成员都是使用 static 来说明的

B. 静态成员是属于类的，不是属于某个对象的

C. 静态成员只可以用类名加作用域运算符来引用，不可用对象引用

D. 静态数据成员的初始化是在类体外进行的

(10) 下列关于基类和派生类的描述中，错误的是（　　　）。

A. 一个基类可以生成多个派生类

B. 基类中所有成员都是它的派生类的成员

C. 基类中成员访问权限继承到派生类中不变

D. 派生类中除了继承的基类成员还有自己的成员

(11) 派生类的对象可以直接访问的基类成员是（　　　）。

A. 公有继承的公有成员　　　　　　　　　　B. 保护继承的公有成员

C. 私有继承的公有成员　　　　　　　　　　D. 公有继承的保护成员

(12) 下列关于对象的描述中，错误的是（　　　）。

A. 对象是类的一个实例

B. 对象是属性和行为的封装体

C. 对象就是 C 语言中的结构变量

D. 对象是现实世界中客观存在的某种实体

(13) 在函数体内定义了下述变量 a，a 的存储类为（　　　）。

int a；

A. 寄存器类　　　　　　B. 外部类　　　　　　C. 静态类　　　　　　D. 自动类

(14) 下列关于被调用函数中 return 语句的描述中，错误的是（　　　）。

A. 一个函数中可以有多条 return 语句

B. return 语句具有返回程序控制权的作用

C. 函数通过 return 语句返回值时仅有一个

D. 一个函数中有且仅有一条 return 语句

(15) 下列关键字中，不属于定义类时使用的关键字的是（　　　）。

A. class　　　　　　　　B. struct　　　　　　C. public　　　　　　D. default

(16) 下列关于对象的描述中，错误的是（　　　）。

A. 定义对象时系统会自动进行初始化

B. 对象成员的表示与 C 语言中结构变量的成员表示相同

C. 属于同一个类的对象占有内存字节数相同

D. 一个类所能创建对象的个数是有限制的

(17) 下列关于运算符 new 的描述中，错误的是（　　　）。

A. 它可以创建对象或变量

B. 它可以创建对象数组或一般类型数组

C. 用它创建对象或对象数组时要调用相应的构造函数

D. 用它创建的对象可以不用 delete 运算符释放

(18) 下列关于派生类的描述中，错误的是（　　　）。

A. 派生类至少有一个基类

B. 一个派生类可以作另一个派生类的基类

C. 派生类的构造函数中应包含直接基类的构造函数

D. 派生类默认的继承方式是 public

（19）下列描述中，错误的是（　　）。

A. 基类的 protected 成员在 public 派生类中仍然是 protected 成员

B. 基类的 private 成员在 public 派生类中是不可访问的

C. 基类 public 成员在 private 派生类中是 private 成员

D. 基类 public 成员在 protected 派生类中仍是 public 成员

3.5.2　判断题

（1）构造函数可以重载。（　　）

（2）类的数据成员不一定都是私有的。（　　）

（3）对象数组的元素应该是同类的对象。（　　）

（4）在私有继承中，基类中只有公有成员对派生类是可见的。（　　）

（5）抽象类是不能创建对象的。（　　）

（6）定义一个对象时，系统总会对该对象进行初始化。（　　）

（7）静态对象的成员称为静态成员。（　　）

（8）this 指针是指向对象的指针，是系统自动生成的。（　　）

（9）运算符 new 可以创建对象，也可创建对象数组。（　　）

（10）引用可以作函数参数，不能作函数的返回值。（　　）

项目四
WinForm 应用程序开发

【项目背景】 WinForm 是 Windows Form 的简称，是基于 . NET Framework 平台的客户端（PC 软件）开发技术。Windows 窗体应用程序是 C# 语言中的一个重要应用，也是 C# 语言最常见的应用。用户界面是使用者与计算机系统交互的接口，设计和构造用户界面，是软件开发中的一项重要工作，用户界面是否完善、使用是否方便，将直接影响用户对软件的使用是否满意。因此，学习设计和开发 WinForm 应用程序是非常重要的。

4.1 任务目标

4.1.1 信息录入

编写一个 Windows 窗体应用程序，输入自己的班级、学号、姓名并用 MessageBox 进行显示。

4.1.2 登录窗口开发

制作登录窗口（w_login），当用户输入正确的用户名和密码时，程序进入主窗口（w_Main），否则提示信息错误，请重新输入。

4.1.3 图片浏览器

制作图片浏览器，使用打开文件对话框将文件名保存到列表框中，通过点击列表框中的列表项，使对应的图片在图片控件中显示出来。

4.2 技术准备

4.2.1 WinForm 窗口的设计方法

4.2.1.1 图形用户界面

图形用户界面（GUI）使用图形的方式，借助菜单、按钮等标准界面元素和鼠标操作，帮助用户方便地向计算机系统发出命令，启动操作，并将系统运行的结果同样以图形的方式显示给用户。图形用户界面的画面生动、操作简便，已经成为目前控件、几乎所有应用软件的标准。所以，学习设计和开发图形用户界面是十分重要的。

.NET 中提供了一系列用于编写基于窗体的 Windows 应用程序的类。这些类集中于 System.Windows.Forms 及 System.Drawing 名字空间中，其中包含了超过 200 个类和接口。以下就其中主要的概念和技术进行介绍，以便让读者能对它们有一个总体的把握。

4.2.1.2 窗体和控件类

System.Windows.Forms 命名空间中的许多类描述 Windows GUI 元素，比如按钮、列表框、菜单以及通用对话框，其中 Form 及 Control 是相当重要的。

Form 类，是窗体类，描述了两个窗口或者是对话框，它是所有窗口的基础。Control 类是控件类，它是"可视化组件"的基类，因此它是形成图形化用户界面的基础。

4.2.1.3 WinForm 应用程序开发的一般步骤

设计和实现图形用户界面的工作主要有以下几点。

① 创建窗体（Form）：创建窗体才能容纳其他各种界面对象。

② 创建控件（Control）：创建组成界面的各种元素，如按钮、文本框等。

③ 指定布局（Layout）：根据具体需要排列它们的位置关系。

④ 响应事件（Event）：定义图形用户界面的事件和各界面元素对不同事件的响应，实现图形用户界面与用户的交互功能。

本章中将对窗体、组件、布局、事件等进行讲解，读者可以据此编制一些图形用户界面的程序。在实际开发过程中，经常借助各种具有可视化图形界面设计功能的软件，如 Visual Studio、SharpDevelop，这些工具软件有助于提高界面设计的效率。

4.2.1.4 添加窗体

一般 Windows 窗体应用程序都是以一个窗体（Form）开始的。

创建 Windows 窗体应用程序的步骤与创建控制台应用程序的步骤类似，在 Visual Studio 2015 软件中，依次选择"文件"→"新建"→"项目"命令，弹出如图 4-1 所示的对话框。

在该对话框中选择"Windows 窗体应用程序"，并更改项目名称、项目位置、解决方案名称等信息，单击"确定"按钮，即可完成 Windows 窗体应用程序的创建，如图 4-2 所示。

在每一个 Windows 窗体应用程序的项目文件夹中，都会有一个默认的窗体程序 Form1.cs，在项目的 Program.cs 文件中指定要运行的窗体。

图 4-1　新建项目对话框

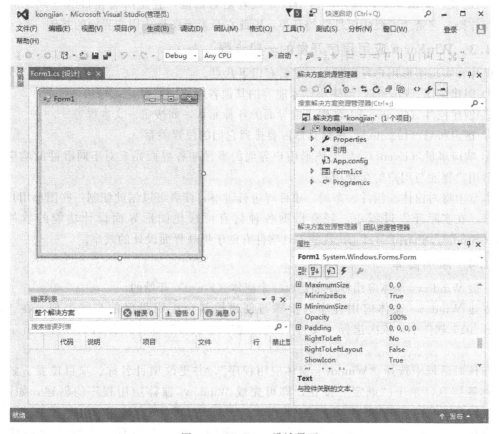

图 4-2　WinForm 设计界面

Program. cs 文件的代码如图 4-3 所示。

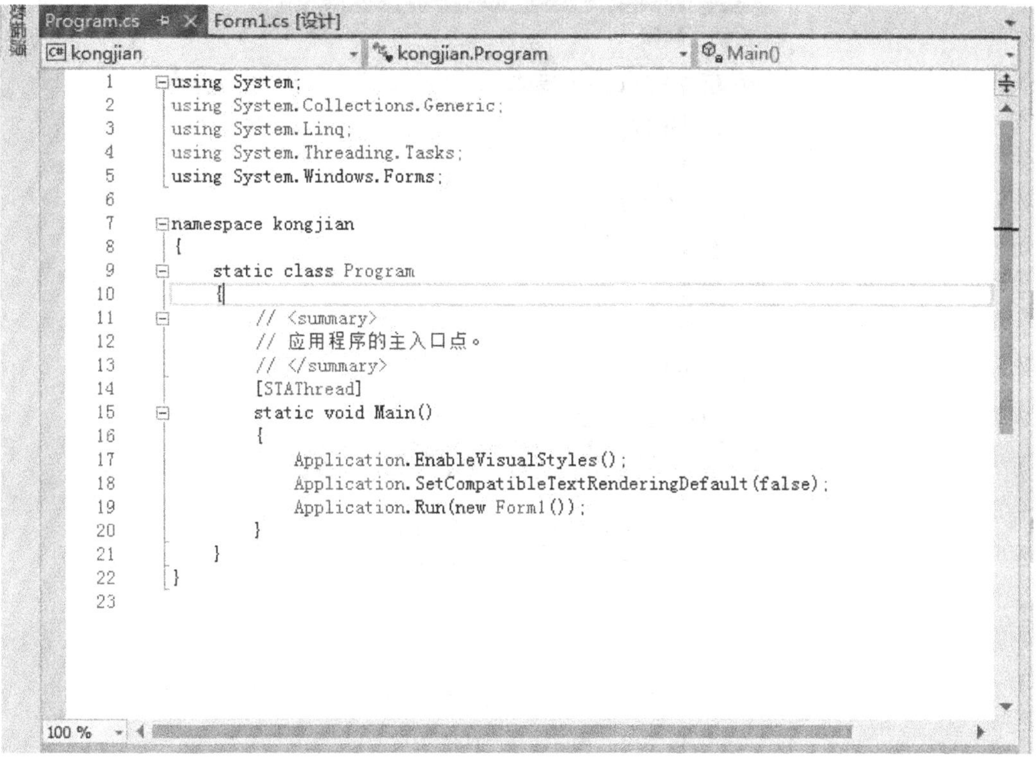

```csharp
using System;
using System.Collections.Generic;
using System.Linq;
using System.Threading.Tasks;
using System.Windows.Forms;

namespace kongjian
{
    static class Program
    {
        // <summary>
        // 应用程序的主入口点。
        // </summary>
        [STAThread]
        static void Main()
        {
            Application.EnableVisualStyles();
            Application.SetCompatibleTextRenderingDefault(false);
            Application.Run(new Form1());
        }
    }
}
```

图 4-3　Program. cs 文件的代码

在上述代码的 Main 方法中：

第 1 行代码用于启动应用程序中可视的样式，如果控件和操作系统支持，那么控件的绘制就能根据显示风格来实现。

第 2 行代码表示控件支持 UseCompatibleTextRenderingproperty 属性，该方法将此属性设置为默认值。

第 3 行代码用于设置在当前项目中要启动的窗体，这里 new Form1（）即为要启动的窗体。

在 Windows 窗体应用程序中界面是由不同类型的控件构成的。

系统中默认的控件全部存放到工具箱中，选择 "视图"→"工具箱"，如图 4-4 所示。

在工具箱中将控件划分为公共控件、容器、菜单和工具栏、数据、组件、打印、对话框等组。

如果工具箱中的控件不能满足开发项目的需求，也可以向工具箱中添加新的控件或对工具箱中的控件重置或进行分组等操作，这都可以通过右键点击工具箱，在弹出的右键菜单中选择相应的命令实现。

右键菜单如图 4-5 所示。

在右键菜单中选择 "选择项(I)…" 命令，弹出如图 4-6 所示的对话框。

在该对话框中列出了不同组件的控件，如果需要在工具箱中添加，直接选中相应组件名称前的复选框即可。

如果需要添加外部的控件，则单击 "浏览(B)…" 按钮，找到相应控件的 . dll 或 . exe 程序添加即可。

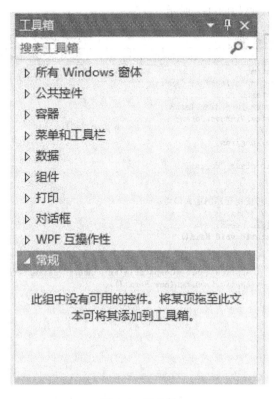

图 4-4　工具箱

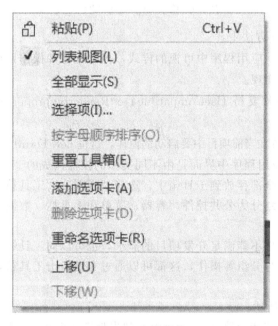

图 4-5　右键菜单

　　Windows 窗体应用程序也称为事件驱动程序，也就是通过鼠标单击界面上的控件、通过键盘输入操作控件等操作来触发控件的不同事件完成相应的操作。例如单击按钮、右击界面、向文本框中输入内容等操作。

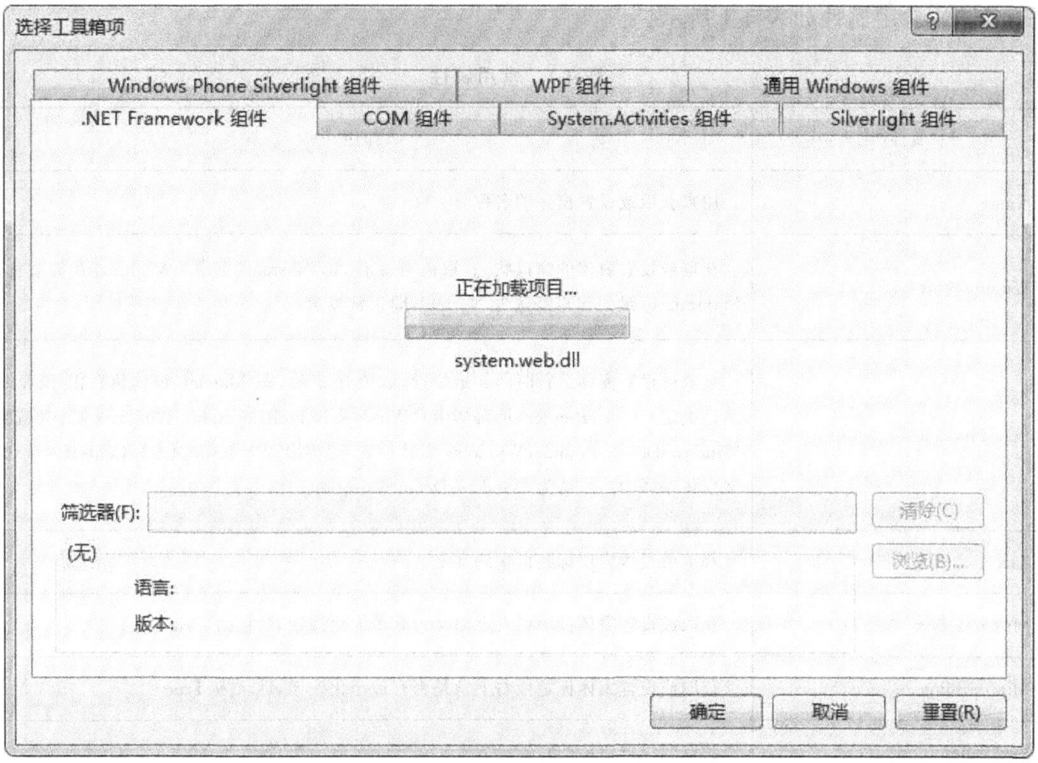

图 4-6 选择工具箱项对话框

4.2.1.5 设置窗体属性

每一个 Windows 窗体应用程序都是由若干个窗体构成的，窗体中的属性主要用于设置窗体的外观。

在 Windows 窗体应用程序中右键点击窗体，在弹出的右键菜单中选择 "属性" 命令，弹出如图 4-7 所示的属性面板。

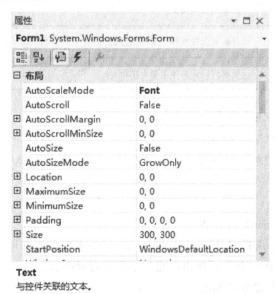

图 4-7 属性面板

窗体的常用属性如表 4-1 所示。

表 4-1　常用属性

属性	作用
Name	用来获取或设置窗体的名称
WindowState	获取或设置窗体的窗口状态,取值有 3 种,即 Normal(正常)、Minimized(最小化)、Maximized(最大化),默认为 Normal,即正常显示
StartPosition	获取或设置窗体运行时的起始位置,取值有 5 种,即 Manual(窗体位置由 Location 属性决定)、CenterScreen(屏幕居中)、WindowsDefaultLocation(Windows 默认位置)、WindowsDefaultBounds(Windows 默认位置,边界由 Windows 决定)、CenterParent(在父窗体中居中),默认为 WindowsDefaultLocation
Text	获取或设置窗口标题栏中的文字
MaximizeBox	获取或设置窗体标题栏右上角是否有最大化按钮,默认为 True
MinimizeBox	获取或设置窗体标题栏右上角是否有最小化按钮,默认为 True
BackColor	获取或设置窗体的背景色
BackgroundImage	获取或设置窗体的背景图像
BackgroundImageLayout	获取或设置图像布局,取值有 5 种,即 None(图片居左显示)、Tile(图像重复,默认值)、Stretch(拉伸)、Center(居中)、Zoom(按比例放大到合适大小)
Enabled	获取或设置窗体是否可用
Font	获取或设置窗体上文字的字体
ForeColor	获取或设置窗体上文字的颜色
Icon	获取或设置窗体上显示的图标

下面通过实例来演示窗体属性的应用。

【例 4-1】　创建一个名为 winform1 的窗体,并完成如下设置:①窗体的标题栏中显示"第一个窗体";②窗体中起始位置居中;③窗体中设置一个背景图片;④窗体中不显示最大化和最小化按钮。

操作步骤如下:

(1) 创建名为 winform1 的窗体

创建一个 Windows 应用程序 mywindow,然后右键点击该项目,在弹出的右键菜单中选择"添加"→"新建项目"命令,弹出如图 4-8 所示的对话框。

(2) 设置 winform1 窗体的属性

窗体的属性设置如表 4-2 所示。

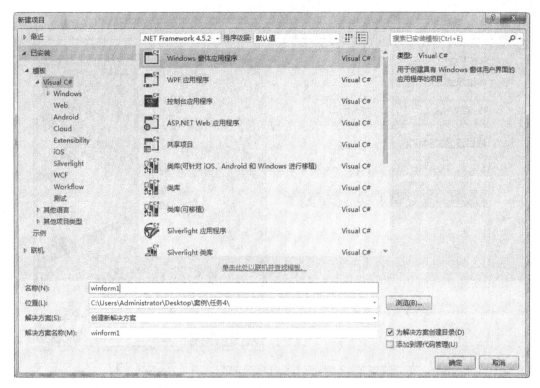

图 4-8　新建项目对话框

表 4-2　窗体属性

属性	属性值
Name	winform1
StartPosition	CenterScreen
Text	第一个窗体
MaximizeBox	False
MinimizeBox	False
BackgroundImage	window_2.jpg
BackgroundImageLayout	Stretch

在上述属性中除了背景图片（BackgroundImage）属性以外，其他属性直接添加表 4-2 中对应的属性值即可。

设置背景图片属性的方法是单击 BackgroundImage 属性后的按钮，在弹出的对话框中单击"导入"按钮。

如图 4-9 所示，选择图片所在的路径，单击"确定"按钮，即可完成背景图片属性的设置。

（3）设置 winform1 窗体为启动窗体

每一个 Windows 窗体应用程序在运行时仅能指定一个启动窗体，设置启动窗体的方式是在项目的 Program.cs 文件中指定。具体的代码如图 4-10 所示。

将第 19 行代码　Application.Run（new Form1()）；改为　Application.Run(new winform1())。

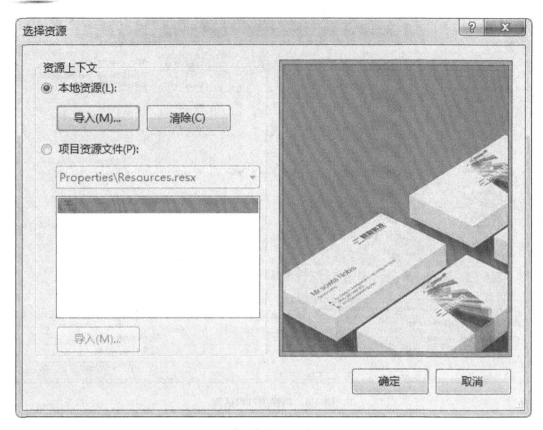

图 4-9　选择资源对话框

图 4-10　Program.cs 文件

（4）运行程序

完成以上 3 步后按 F5 键运行程序，效果如图 4-11 所示。

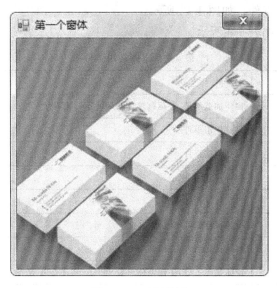

图 4-11　运行结果

4.2.1.6　添加窗体的事件

在窗体中除了可以通过设置属性改变外观外，还提供了事件来方便窗体的操作。

在打开操作系统后，单击鼠标或者敲击键盘都可以在操作系统中完成不同的任务，例如双击鼠标打开"我的电脑"、在桌面上右击会出现右键菜单、单击一个文件夹后按 F2 键可

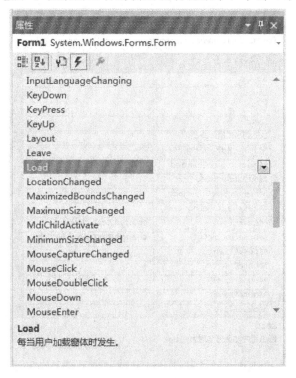

图 4-12　属性窗口

以更改文件夹的名称等。实际上这些操作都是 Windows 操作系统中的事件。

在 Windows 窗体应用程序中系统已经自定义了一些事件，在窗体属性面板中单击闪电图标即可查看窗体中的事件，如图 4-12 所示。

窗体中常用的事件如表 4-3 所示。

表 4-3　窗体常用事件

事件	作用
Load	窗体加载事件，在运行窗体时即可执行该事件
MouseClick	鼠标单击事件
MouseDoubleClick	鼠标双击事件
MouseMove	鼠标移动事件
KeyDown	键盘按下事件
KeyUp	键盘释放事件
FormClosing	窗体关闭事件，关闭窗体时发生
FormClosed	窗体关闭事件，关闭窗体后发生

下面通过实例来演示窗体中事件的应用。

【例 4-2】　通过窗体的鼠标单击事件和双击事件改变窗体的标题文字。在本例中采用的事件分别是窗体加载事件（Load）、鼠标单击事件（MouseClick）、鼠标双击事件（MouseDoubleClick）。

实现该操作的步骤如下。

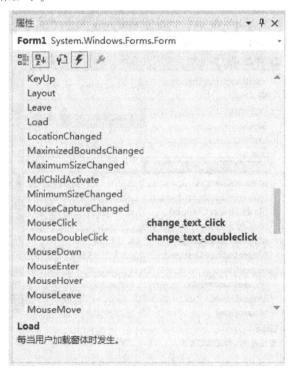

图 4-13　属性面板

（1）新建窗体

新建窗体 form1。

（2）添加事件

右击该窗体，在弹出的右键菜单中选择"属性"命令，然后在弹出的面板中单击闪电图标进入窗体事件设置界面。

在该界面中依次选中需要创建的事件，并双击该事件右侧的单元格，系统会自动为其生成对应事件的处理方法。设置后的属性面板如图 4-13 所示。

设置好事件后会在 ColorForm 窗体对应的代码文件中自动生成与事件对应的方法，代码如图 4-14 所示。

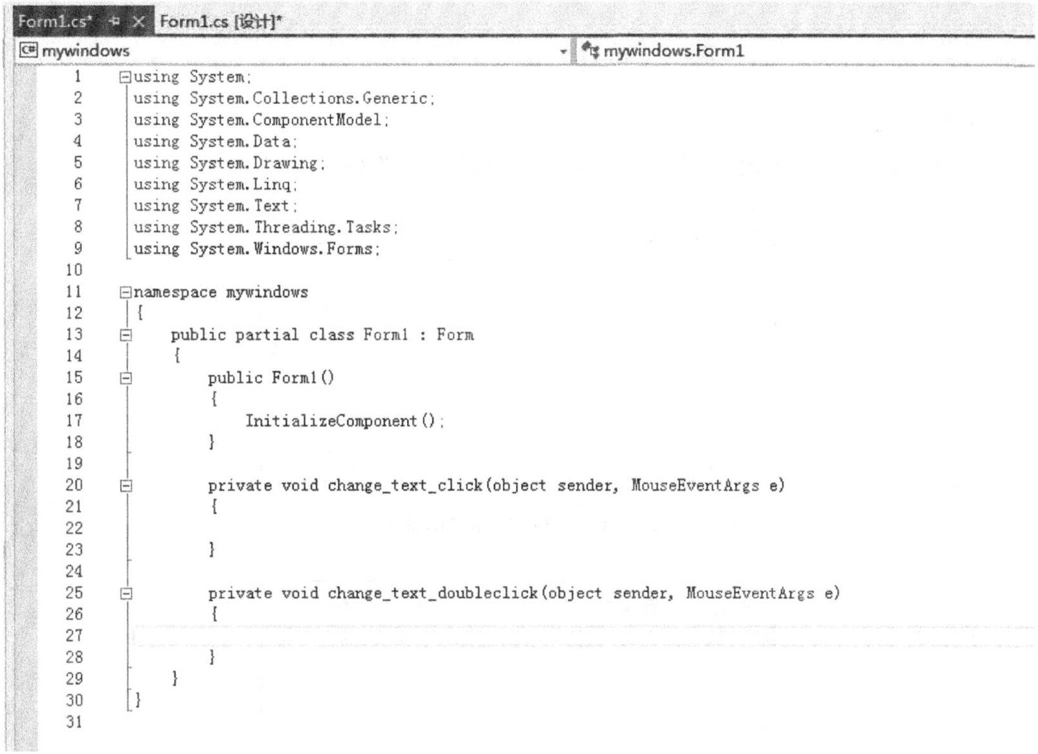

```
Form1.cs*  ⊕ ×  Form1.cs [设计]*
C# mywindows                                          ▼  ⚙ mywindows.Form1
   1    ⊟using System;
   2     using System.Collections.Generic;
   3     using System.ComponentModel;
   4     using System.Data;
   5     using System.Drawing;
   6     using System.Linq;
   7     using System.Text;
   8     using System.Threading.Tasks;
   9     using System.Windows.Forms;
  10
  11    ⊟namespace mywindows
  12     {
  13    ⊟    public partial class Form1 : Form
  14         {
  15    ⊟        public Form1()
  16             {
  17                 InitializeComponent();
  18             }
  19
  20    ⊟        private void change_text_click(object sender, MouseEventArgs e)
  21             {
  22
  23             }
  24
  25    ⊟        private void change_text_doubleclick(object sender, MouseEventArgs e)
  26             {
  27
  28             }
  29         }
  30     }
  31
```

图 4-14　事件代码

（3）添加事件处理代码

在本例中每个事件完成的操作都是更改窗体的标题，窗体的标题所对应的属性是 Text。下面分别将类似代码添加到每一个事件中，代码如下。

```
namespace mywindows
{
    public partial class Form1 : Form
    {
        public Form1()
        {
            InitializeComponent();
        }
```

```
private void change_text_click(object sender,MouseEventArgs e)
{
    this.Text= "鼠标单击事件";
}

private void change_text_doubleclick(object sender,MouseEventArgs e)
{
    this.Text= "鼠标双击事件";
}
}
```

（4）执行程序

点击鼠标时，效果如图 4-15 所示，双击鼠标时，效果如图 4-16 所示。

图 4-15　单击鼠标时的效果

图 4-16　双击鼠标时的效果

4.2.1.7　窗体常用方法

实际上窗体中也有一些从 System.Windows.Form 类继承的方法，如表 4-4 所示。

表 4-4　窗体的方法

方法	作用
void Show()	显示窗体
void Hide()	隐藏窗体
DialogResult ShowDialog()	以对话框模式显示窗体
void CenterToParent()	使窗体在父窗体边界内居中

方法	作用
void CenterToScreen()	使窗体在当前屏幕上居中
void Activate()	激活窗体并给予它焦点
void Close()	关闭窗体

下面通过实例来演示窗体中方法的应用。

【例 4-3】　新建两个窗体，mainform 和 newform，其中，程序启动时运行 mainform 窗体，在 mainform 窗体中单击，弹出一个窗体 newform；在新窗体中双击，关闭 newform 窗体。

操作步骤：

（1）在项目中添加所需的窗体

新建项目 windows，在项目中添加所需的 mainform 窗体和 newform 窗体。

（2）设置 mainform 窗体中事件

在 mainform 窗体中添加鼠标单击窗体事件，并在该事件对应的方法中写入打开 newform 窗体的代码，具体代码如下。

```
namespace windows
{
    public partial class mainform : Form
    {
        public mainform()
        {
            InitializeComponent();
        }

        private void mainform_MouseClick(object sender, MouseEventArgs e)
        {
            newform nf = new newform();  // 创建 newform 窗体实例
            nf.Show();    // 打开 newform 窗体
        }
    }
}
```

（3）设置 newform 窗体的事件

在 newform 窗体中添加鼠标双击事件关闭 newform 窗体，并在相应的事件中添加代码，具体代码如下。

```
namespace windows
{
    public partial class newform : Form
    {
        public newform()
```

```
        {
            InitializeComponent();
        }
        private void newform_MouseDoubleClick(object sender,MouseEventArgs e)
        {
            this.Close();//关闭窗口
        }
    }
}
```

(4) 将 mainform 窗体设置为启动窗体

```
namespace windows
{
    static class Program
    {
        // < summary>
        // 应用程序的主入口点
        // < /summary>
        [STAThread]
        static void Main()
        {
            Application.EnableVisualStyles();
            Application.SetCompatibleTextRenderingDefault(false);
            Application.Run(new mainform());
        }
    }
}
```

(5) 运行程序

完成以上步骤后运行该项目，检测程序的功能，如图 4-17 所示。

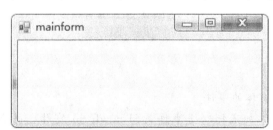

图 4-17 运行效果

4.2.2 掌握 WinForm 控件的使用

4.2.2.1 Control 类

Control 类是 Windows 大部分控件的基础类。Control 类是一个非常复杂的类，它拥有很多属性、方法和事件。在这里列出主要的成员，以便于读者可以对控件有一个感性的认识。

（1）Control 的属性

① Anchor：获取或设置控件绑定到容器的边缘并确定控件如何随其父级一起调整大小。Top、Left、Bottom、Right——若选中 Top，则保持与 Top 的距离不变。

② Dock：获取或设置哪些控件边框停靠到其父控件并确定控件如何随其父级一起调整大小。None、Top、Left、Bottom、Right、Fill——适合容器控件。

③ Cursor：获取或设置当鼠标指针位于控件上时显示的光标。

④ Controls：获取包含在控件内的控件的集合。

⑤ Enabled：获取或设置一个值，该值指示控件是否可以对用户交互作出响应。

⑥ Font：获取或设置控件显示的文字的字体。

⑦ ForeColor：获取或设置控件的前景色。

⑧ Padding：获取或设置控件内的空白。

⑨ Size：获取或设置控件的高度和宽度。

⑩ TabIndex：获取或设置控件在其容器内的 Tab 键顺序。

⑪ TabStop：获取或设置一个值，该值指示用户能否使用 Tab 键将焦点放到该控件上（布尔型）。

⑫ Top：顶。

⑬ Left：左。

⑭ Right：右。

⑮ Bottom：底。

⑯ Height：高度。

⑰ Width：宽度。

⑱ Text：文本。

⑲ Visible：获取或设置一个值，该值指示是否显示该控件及其所有父控件。

⑳ Tag：获取或设置包含有关控件的数据的对象，Tag 可以赋予任何类型的值，例如可以赋予布尔类型的值，可以用来记录一个控件是否得到了想要的结果，若是得到了就赋值为 true，否则赋值为 false，是一种标签和记录。

（2）Control 的方法

① Focus：为控件设置输入焦点。

② PointToScreen（Point p）：将指定工作区点的位置计算成屏幕坐标。就是将控件左上角的点转换为屏幕坐标，而参数 p 是一个参考点，一般应为 Point.Empty，这样就可以确切地转为屏幕点了，否则会有偏差。

③ PointToClient：将指定屏幕点的位置计算成工作区坐标。

④ FindForm：检索控件所在的窗体。

（3）Control 的事件

① Click：单击。

② DoubleClick：双击。

③ KeyDown：当控件有焦点时，按下一个键时引发该事件，这个事件总是在 KeyPress 和 KeyUp 之前引发。

④ KeyPress：当控件有焦点时，按下一个键时引发该事件，这个事件总是在 KeyDown

之后、KeyUp 之前引发。KeyDown 和 KeyPress 的区别是 KeyDown 传送被按下的键的键盘码，而 KeyPress 传送被按下的键的 char 值。

⑤ KeyUp：当控件有焦点时，释放一个键时引发该事件，这个事件总是在 KeyDown 和 KeyPress 之后引发。

⑥ MouseClick：单击，释放鼠标触发（左键）。

⑦ MouseDown：按下即触发（左右键）。

⑧ MouseMove：在鼠标滑过控件时触发。

⑨ MouseUp：释放鼠标触发（左右键）。

4.2.2.2 标签控件

标签是所有控件中最简单的一种，它通常用来显示文本。Text 属性决定了标签所要显示的内容，UserMnemonic 属性决定了标签上的字符 "&" 是否被解释成快捷键标志。

标签也可以用来显示图像：设置 Image 属性，使其指向 System. Drawing. Bitmap 类型的一个对象。有关图像处理在以后的章节再作详细的描述。

在 Windows 窗体应用程序中，标签控件主要分为普通的标签（Label）和超链接形式的标签（LinkLabel）。

标签控件常用属性如表 4-5 所示。

表 4-5　标签控件常用属性

属性名	作用
Name	标签对象的名称，区别不同标签的唯一标志
Text	标签对象上显示的文本
Font	标签中显示文本的样式
ForeColor	标签中显示文本的颜色
BackColor	标签的背景颜色
Image	标签中显示的图片
AutoSize	标签的大小是否根据内容自动调整，True 为自动调整，False 为用户自定义大小
Size	指定标签控件的大小
Visible	标签是否可见，True 为可见，False 为不可见

普通标签控件（Label）中的事件与窗体的事件类似，常用的事件主要有鼠标单击事件、鼠标双击事件、标签上文本改变的事件等。

与普通标签控件类似，超链接标签控件（LinkLabel）也具有相同的属性和事件。超链接标签主要应用的事件是鼠标单击事件，通过单击标签完成不同的操作。

下面通过实例来演示标签控件的应用。

【例 4-4】　创建一个窗体，在窗体上放置两个普通标签控件（Label），分别显示 "你好" 和 "Hello"。

在窗体上通过单击超链接标签（LinkLabel）交换这两个普通标签上显示的信息。

操作步骤：

① 创建窗口 changelable，设置普通标签及超链接标签的属性，如表 4-6 所示。

表 4-6 标签控件属性设置

控件类型	属性名称	属性值
Label	Name	Label_1
	Text	你好
	Name	Label_2
	Text	Hello
linkLabel	Name	linkLabel_change
	Text	交换文字

② 设置超链接标签 linkLabel _ change 的 LinkClicked 事件，填写代码。

```
namespace windows
{
    public partial class changelable : Form
    {
        public changelable()
        {
            InitializeComponent();
        }

        private void linkLabel_change_LinkClicked(object sender, LinkLabelLinkClickedEventArgs e)
        {
            string tmp= label_1.Text;
            label_1.Text= label_2.Text;
            label_2.Text= tmp;
        }
    }
}
```

通过中间变量 tmp，将标签控件的 Text 属性值进行交换。

③ 运行程序，检测运行结果，如图 4-18。

4.2.2.3 文本框控件

文本框（TextBox）是在窗体中输入信息时最常用的控件，通过设置文本框属性可以实现多行文本框、密码框等。在窗体上输入信息时使用最多的就是文本框。

文本框的常用属性如表 4-7 所示。

表 4-7 文本框的常用属性

属性名	作用
Text	文本框对象中显示的文本
MaxLength	在文本框中最多输入的文本的字符个数
WordWrap	文本框中的文本是否自动换行,如果是 True,则自动换行,如果是 False,则不能自动换行

续表

属性名	作用
PasswordChar	将文本框中出现的字符使用指定的字符替换,通常会使用"＊"字符
Multiline	指定文本框是否为多行文本框,如果为 True,则为多行文本框,如果为 False,则为单行文本框
ReadOnly	指定文本框中的文本是否可以更改,如果为 True,则不能更改,即只读文本框,如果为 False,则允许更改文本框中的文本
Lines	指定文本框中文本的行数
ScrollBars	指定文本框中是否有滚动条,如果为 True,则有滚动条,如果为 False,则没有滚动条

图 4-18 运行结果

文本框控件最常使用的事件是文本改变事件（TextChange），即文本框控件中的内容改变时触发该事件。

【例 4-5】 创建一个窗体，在文本框中输入一个值，通过文本改变事件将该文本框中的值写到一个标签中。

操作步骤：

① 创建窗体，添加标签控件和文本框控件，设置相应属性。

② 添加文本框 textbox1 的 TextChanged 事件，代码如下：

```
namespace windows
{
    public partial class changetextbox : Form
    {
        public changetextbox()
        {
```

```
            InitializeComponent();
        }
        private void textbox1_TextChanged(object sender, EventArgs e)
        {
            label1.Text=textbox1.Text;
        }
    }
}
```

③ 运行窗体，输入文字检测效果，如图 4-19 所示。

图 4-19　运行效果

4.2.2.4　按钮控件

按钮包括普通的按钮（Button）、单选按钮（RadioButton）和复选框（CheckBox），这三种按钮都是从 buttonbase 派生的，它们的常用属性如表 4-8 所示。

表 4-8　按钮控件常用属性

属性名	作用
Flatstyle	决定按钮应该被显示成平面还是凸起的
Image	表示在按钮上显示的图像
ImageAlign	表示按钮上的图像的对齐方式
IsDefault	决定该按钮是否是窗体上的默认按钮
Text	表示在按钮上显示的文本
TextAlign	表示按钮上的文本的堆砌方式

（1）按钮（Button）

按钮主要用于提交页面的内容或者是确认某种操作等。常用的属性包括在按钮中显示的文字（Text）以及按钮外观设置的属性，最常用的事件是单击事件（Click）。

【例 4-6】 实现一个简单的窗体传递信息的功能，在 windows1 窗体中，通过按钮将文本框中的文字发送给 windows2 窗体。

操作步骤：

① 创建窗体 windows1，添加文本框控件和按钮控件，并设置相应属性。

② 添加按钮的 Click，代码如图 4-20 所示。

```
C# windows                                                    ▼   windows.windows1
2        using System.Collections.Generic;
3        using System.ComponentModel;
4        using System.Data;
5        using System.Drawing;
6        using System.Linq;
7        using System.Text;
8        using System.Threading.Tasks;
9        using System.Windows.Forms;
10
11      namespace windows
12      {
13          public partial class windows1 : Form
14          {
15              public windows1()
16              {
17                  InitializeComponent();
18              }
19
20              private void bt_send_Click(object sender, EventArgs e)
21              {
22                  string mes = textBox1.Text;
23                  windows2 w2 = new windows2(mes); //将信息传递给windows2
24                  w2.Show();
25              }
26          }
27      }
28
```

图 4-20　Click 事件代码

③ 创建窗体 windows2，添加标签控件，并设置窗口的传递参数，代码如图 4-21 所示。

④ 运行程序，在文本框中输入字符，检测结果，如图 4-22 所示。

（2）单选按钮（RadioButton）

多个 RadioButton 控件可以为一组，这一组内的 RadioButton 控件只能有一个被选中。通常用 groupbox 控件进行分组。

【例 4-7】 通过单选按钮选择用户的学历，并在标签控件中显示，如图 4-23 所示。

操作步骤：

① 创建窗体，添加三个 RadioButton 控件、一个 groupbox 控件和一个 Label 控件，修改相应的属性。把三个 RadioButton 控件放在 groupbox 控件中。

② 添加 RadioButton 按钮的 CheckedChanged 事件，代码如图 4-24 所示。

③ 运行程序，点击单选按钮检测结果，如图 4-25 所示。

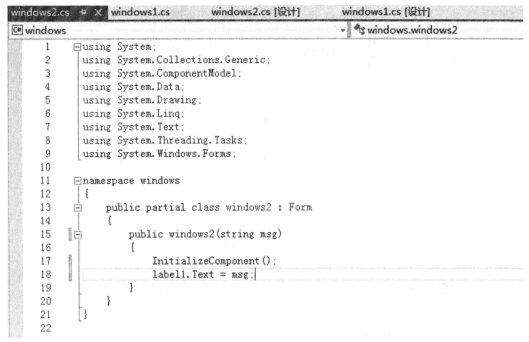

```csharp
using System;
using System.Collections.Generic;
using System.ComponentModel;
using System.Data;
using System.Drawing;
using System.Linq;
using System.Text;
using System.Threading.Tasks;
using System.Windows.Forms;

namespace windows
{
    public partial class windows2 : Form
    {
        public windows2(string msg)
        {
            InitializeComponent();
            label1.Text = msg;
        }
    }
}
```

图 4-21　窗口的传递参数

图 4-22　运行效果

图 4-23　单选按钮控件

```
RadioButton.cs ╗ ᵗᵇ ✕ RadioButton.cs [设计] ╗
C# windows                                    ▾ ᵗᵇ windows.radiobutton
12      {
13  ⊟      public partial class RadioButton : Form
14        {
15  ⊟          public RadioButton()
16            {
17                InitializeComponent();
18            }
19
20  ⊟          private void RadioButton1_CheckedChanged(object sender, EventArgs e)
21            {
22                label1.Text = RadioButton1.Text;
23            }
24
25  ⊟          private void RadioButton2_CheckedChanged(object sender, EventArgs e)
26            {
27                label1.Text = RadioButton2.Text;
28            }
29
30  ⊟          private void RadioButton3_CheckedChanged(object sender, EventArgs e)
31            {
32                label1.Text = RadioButton3.Text;
33            }
34        }
35  }
36
```

图 4-24　RadioButton 按钮的 CheckedChanged 事件

label1.Text＝RadioButton1.Text；∥将单选按钮的文字信息赋值给标签控件的 Text 属性

图 4-25　运行效果

（3）复选框（CheckBox）

复选框主要用于多个选项的操作，复选框主要的属性是：Name、Text、Checked。

Name：表示这个组件的名称；

Text：表示这个组件的标题；

Checked：表示这个组件是否已经选中。

主要的事件就是 CheckedChanged 事件。

【例 4-8】　通过复选框控件选择用户的爱好，并在标签控件中显示，如图 4-26 所示。

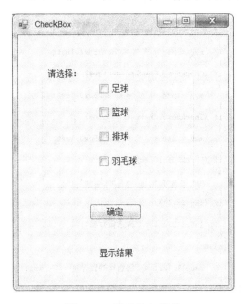

图 4-26　复选按钮控件

操作步骤：

① 创建窗体，添加四个 CheckBox 控件、一个 groupbox 控件、一个 Button 按钮和一个 Label 控件。修改相应的属性。

② 添加按钮的 Click 事件，代码如图 4-27 所示。

③ 运行程序，检测结果，如图 4-28 所示。

（4）分组框（groupbox）

分组框在界面上表现为一个框，并且在其中可以放入多个其他控件，其子控件可以随着分组框一起移动。

4.2.2.5　图片控件

WinForm 应用程序中显示图片时要使用图片控件（PictureBox），用来显示来自位图文件、图标文件、JPEG 文件、GIF 文件以及其他图形文件中的图形。

图片控件中常用的属性如表 4-9 所示。

SizeMode 属性用来控制如何在控件中显示图形。使用 Image 属性可以把一个 PictureBox 控件和一个图形关联起来，它是一个 Image 类。最简单的构造方法是使用一个文件名作参数来构造一个 Bitmap 对象，这里是因为 Bitmap 是 Image 的子类。

图片控件中图片的设置除了可以直接使用 ImageLocation 属性指定图片路径以外，还可以通过 Image.FromFile 方法来设置。

```
CheckBox.cs  +  ×   CheckBox.cs [设计]      RadioButton.cs       RadioButton.cs [设计]
C# windows                                            ▼  ♦ windows.checkbox
    11    ☐namespace windows
    12    │{
    13    ☐    public partial class CheckBox : Form
    14    │    {
    15    ☐        public CheckBox()
    16    │        {
    17                 Initialize omponent();
    18             }
    19
    20    ☐        private void button1_Click(object sender, EventArgs e)
    21             {
    22                 string msg="";
    23                 if (CheckBox1.Checked == true)|
    24                 {
    25                     msg = msg + " " + CheckBox1.Text;
    26                 }
    27                 if (CheckBox2.Checked == true)
    28                 {
    29                     msg = msg + " " + CheckBox2.Text;
    30                 }
    31                 if (CheckBox3.Checked == true)
    32                 {
    33                     msg = msg + " " + CheckBox3.Text;
    34                 }
    35                 if (CheckBox4.Checked == true)
    36                 {
    37                     msg = msg + " " + CheckBox4.Text;
    38                 }
    39                 if (msg == "")
    40                 {
    41                     label1.Text = "未选择数据";
    42                 }
    43                 else
    44                 {
    45                     label1.Text = "您选择的爱好是：" + msg;
    46                 }
    47             }
    48         }
    49    }
    50
```

图 4-27 命令按钮的代码

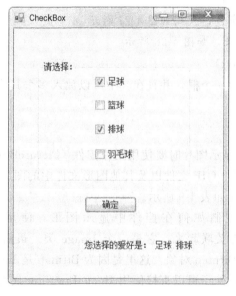

图 4-28 运行结果

表 4-9　图片控件的常用属性

属性名	作用
Image	获取或设置图片控件中显示的图片
ImageLocation	获取或设置图片控件中显示图片的路径
SizeMode	获取或设置图片控件中图片显示的大小和位置,如果值为 Normal,则图片显示在控件的左上角;如果值为 Stretchimage,则图片在图片控件中被拉伸或收缩,适合控件的大小;如果值为 AutoSize,则控件的大小适合图片的大小;如果值为 Centerimage,图片在图片控件中居中;如果值为 Zoom,则图片会自动缩放至符合图片控件的大小

【例 4-9】　通过点击按钮显示特定图片,如图 4-29 所示。

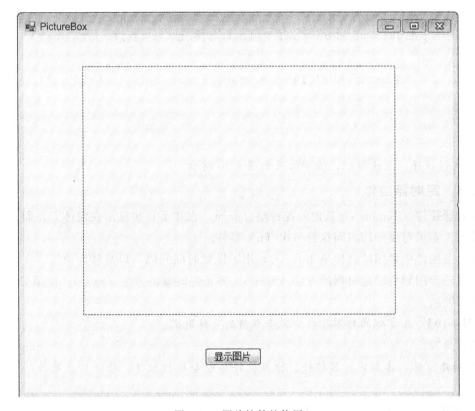

图 4-29　图片控件的使用

操作步骤:

① 创建窗口,添加 PictureBox 控件和按钮控件,修改相应属性。

② 在按钮的 Click 事件中添加代码。

```
using System;
using System.Collections.Generic;
using System.ComponentModel;
using System.Data;
using System.Drawing;
```

```
using System. Linq;
using System. Text;
using System. Threading. Tasks;
using System. Windows. Forms;
namespace windows
{
    public partial class PictureBox：Form
    {
        public PictureBox()
        {
            InitializeComponent();
        }
        private void button1_Click(object sender,EventArgs e)
        {
            PictureBox1. Image= Image. FromFile(@ "D：\\1. jpg");
        }
    }
}
```

③ 运行程序，点击按钮，检测结果如图 4-30 所示。

4. 2. 2. 6　定时器控件

定时器控件（Timer）与其他的控件略有不同，它并不直接显示在窗体上，而是与其他控件连用，表示每隔一段时间执行一次 Tick 事件。

定时器控件中常用的属性是 Interval，用于设置时间间隔，以毫秒为单位。在使用定时器控件时还会用到启动定时器的方法（Start）、停止定时器的方法（Stop），使用 Enabled 属性也可以控制。

【例 4-10】　在窗体的标签控件中显示当前的系统时间。

操作步骤：

① 创建窗体，添加定时器控件、标签控件和命令按钮控件，修改相应属性，如图 4-31 所示。

② 在定时器 timer. cs 文件中添加代码，如图 4-32 所示。

③ 运行程序，查看时间显示是否正常，如图 4-33 所示。

4. 2. 2. 7　日期时间控件

在 C# 语言中日期时间控件（DateTimePicker）在时间控件中的应用最多，主要用于在界面上显示当前的时间。

日期时间控件中常用的属性是设置其日期显示格式的 Format 属性。

Format 属性提供了 4 个属性值，如下所示。

① Short：短日期格式，例如 2017/3/1；

② Long：长日期格式，例如 2017 年 3 月 1 日；

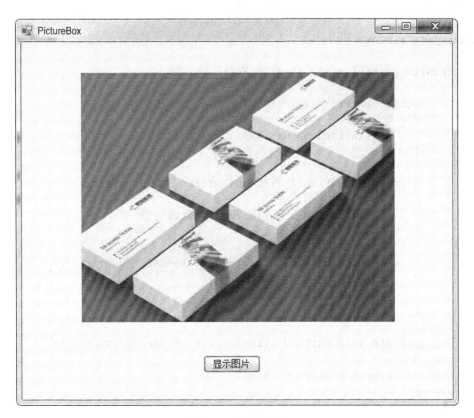

图 4-30　运行效果

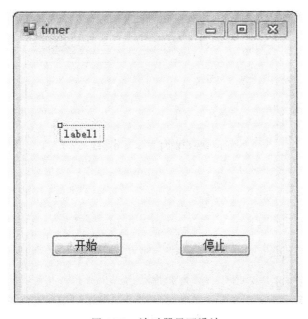

图 4-31　计时器界面设计

```
namespace windows
{
    public partial class timer : Form
    {
        public timer()
        {
            InitializeComponent();
        }

        private void timer1_Tick(object sender, EventArgs e)
        {
            label1.Text = DateTime.Now.ToString();
        }

        private void button1_Click(object sender, EventArgs e)
        {
            timer1.Enabled = true;
        }

        private void button2_Click(object sender, EventArgs e)
        {
            timer1.Enabled = false;
        }
    }
}
```

图 4-32　timer. cs 文件中的代码

图 4-33　运行效果

③ Time：仅显示时间，例如 22：00：01；

④ Custom：用户自定义的显示格式。

如果将 Format 属性设置为 Custom 值，则需要通过设置 CustomFormat 属性值来自定义显示日期时间的格式。showcheckbox 属性在日期的后面显示一个复选框，如果选中了复选框，那么可以修改日期；否则，不能改变日期。ShowUpDown 为真时，可以使用增量为一天的 Up-Down 控件校正日期而不必使用下拉式日历。

【例 4-11】 利用 DateTimePicker 控件显示系统的当前日期。

操作步骤：

① 创建窗体，添加控件，如图 4-34 所示。

图 4-34　设计界面

② 在 DateTimePicker.cs 文件中添加代码，如图 4-35 所示。

```csharp
namespace windows
{
    public partial class DateTimePicker : Form
    {
        public DateTimePicker()
        {
            InitializeComponent();
        }

        private void DateTimePicker_Load(object sender, EventArgs e)
        {
            DateTimePicker1.Format = DateTimePickerFormat.Long;
        }
    }
}
```

图 4-35　添加代码

③ 运行程序，检测结果，如图 4-36 所示。

图 4-36 运行效果

4.2.2.8 列表框（ListBox）控件

列表框（ListBox）控件用于在滚动的窗口中显示一系列条目。如果加入列表框中的条目超过在一个窗体中所能容纳的数目，那么自动添加滚动条。可以使用鼠标或者键盘在列表框中选择一项或多项。

在列表框控件中有一些属性与前面介绍的控件不同，如表 4-10 所示。

表 4-10 列表框控件常用属性

属性名	作用
MultiColumn	获取或设置列表框是否支持多列,如果设置为 True,则表示支持多列;如果设置为 False,则表示不支持多列。默认为 False
Items	获取或设置列表框控件中的值
SelectedItems	获取列表框中所有选中项的集合
SelectedItem	获取列表框中当前选中的项
SelectedIndex	获取列表框中当前选中项的索引,索引从 0 开始
SelectionMode	获取或设置列表框中选择的模式,当值为 One 时,代表只能选中一项,当值为 MultiSimple 时,代表能选择多项,当值为 None 时,代表不能选择,当值为 MultiExtended 时,代表能选择多项,但要在按下 Shift 键后,再选择列表框中的项

列表框还提供了一些方法来操作列表框中的选项，由于列表框中的选项是一个集合形式的，列表项的操作都是用 Items 属性进行的。

例如 Items. Add 方法用于向列表框中添加项，Items. Insert 方法用于向列表框中的指定位置添加项，Items. Remove 方法用于移除列表框中的项。

【例 4-12】　在文本框中输入信息，点击按钮后，将信息添加到列表框中。

操作步骤：

① 创建窗体，添加一个列表框控件、一个文本框控件和一个按钮控件，如图 4-37 所示。

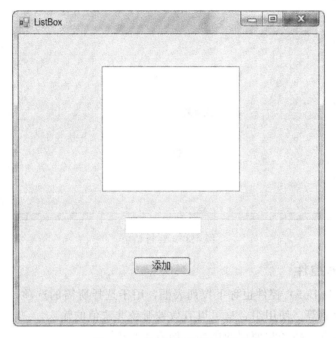

图 4-37　列表框控件设计界面

② 在 ListBox.cs 文件中添加代码，如图 4-38 所示。

```
namespace windows
{
    public partial class ListBox : Form
    {
        public ListBox()
        {
            InitializeComponent();
        }

        private void button1_Click(object sender, EventArgs e)
        {
            ListBox1.Items.Add(textBox1.Text);
            TextBox1.Text = "";
        }
    }
}
```

图 4-38　在 ListBox.cs 文件中添加代码

③ 运行程序，在列表框中添加数据，检测结果如图 4-39 所示。

图 4-39　运行结果

4.2.2.9　组合框控件

组合框（ComboBox）控件也称下拉列表框，用于选择所需的选项，例如在注册学生信息时选择学历、专业等。使用组合框可以有效地避免非法值的输入。

在组合框中也有一些经常使用的属性，如表 4-11 所示。

表 4-11　组合框控件常用属性

属性名	作用
DropDownStyle	获取或设置组合框的外观，如果值为 Simple，同时显示文本框和列表框，并且文本框可以编辑；如果值为 DropDown，则只显示文本框，通过鼠标或键盘的单击事件展开文本框，并且文本框可以编辑；如果值为 DropDownList，显示效果与 DropDown 一样，但文本框不可编辑。默认情况下为 DropDown
Items	获取或设置组合框中的值
Text	获取或设置组合框中显示的文本
MaxDropDownLtems	获取或设置组合框中最多显示的项数
Sorted	指定是否对组合框列表中的项进行排序，如果值为 True，则排序，如果值为 False，则不排序。默认情况下为 False

在组合框中常用的事件是改变组合框中的值，即组合框中的选项改变事件 SelectedLndexChanged。

此外，在组合框中常用的方法与列表框类似，也是向组合框中添加项、从组合框中删除项。

【例 4-13】　在组合框中选择专业之后，在列表框中列出对应的班级名称。

操作步骤:

① 创建窗体,添加两个标签控件、一个组合框控件和一个列表框控件,如图 4-40 所示。

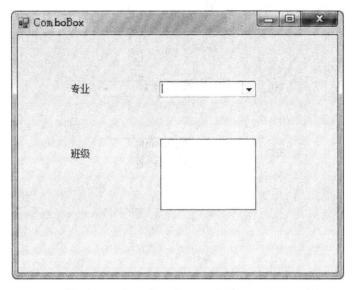

图 4-40　组合框设计界面

② 在窗体的 load 事件中添加代码,列出专业的名称。

```
private void ComboBox_Load(object sender,EventArgs e)
    {
        ComboBox1.Items.Add("计算机专业");
        ComboBox1.Items.Add("旅游专业");
    }
```

在组合框的 SelectedItem 事件中添加代码。

```
private void ComboBox1_SelectedIndexChanged(object sender,EventArgs e)
    {
        if(ComboBox1.SelectedItem.ToString()=="计算机专业")
        {
            listBox1.Items.Clear();
            listBox1.Items.Add("计算机 1901 班");
            listBox1.Items.Add("计算机 1902 班");
            listBox1.Items.Add("计算机 1903 班");
        }
        if(ComboBox1.SelectedItem.ToString()=="旅游专业")
        {
            listBox1.Items.Clear();
            listBox1.Items.Add("旅游 1901 班");
            listBox1.Items.Add("旅游 1902 班");
            listBox1.Items.Add("旅游 1903 班");
```

```
            }
        }
```

③ 运行程序，选择专业，检测结果如图 4-41 所示。

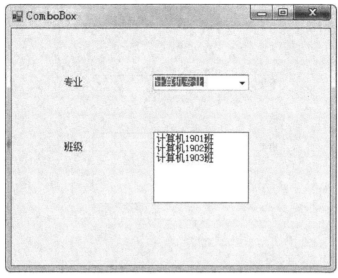

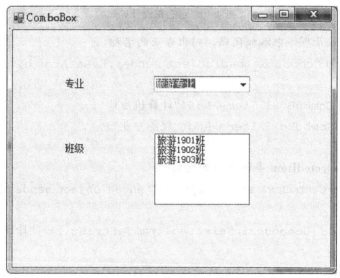

图 4-41　运行结果

4.2.3　掌握菜单栏、工具栏与状态栏控件的使用

4.2.3.1　菜单栏控件

菜单通过存放按照一般主题分组的命令将功能公开给用户。菜单栏（MenuStrip）控件支持多文档界面（MDI）和菜单合并、工具提示和溢出。用户可以通过添加访问键、快捷键、选中标记、图像和分隔条，来增强菜单的可用性和可读性。

MenuStrip 控件取代了 MainMenu 控件并向其中添加了功能；但是也可选择保留 Main-Menu 控件以备向后兼容和将来使用。MenuStrip 控件支持创建支持高级用户界面和布局功能的自定义的常用菜单，例如文本和图像排序和对齐、拖放操作、MDI、溢出和访问菜单命令的其他模式；支持操作系统的典型外观和行为。

MenuStrip 的常用属性如表 4-12 所示。

表 4-12　菜单栏控件的常用属性

属性	说明
MdiWindowListItem	获取或设置用于显示 MDI 子窗体列表的 ToolStripMenuItem
System. Windows. Forms. ToolStripItem. MergeAction	获取或设置 MDI 应用程序中子菜单与父菜单合并的方式
System. Windows. Forms. ToolStripItem. MergeIndex	获取或设置 MDI 应用程序的菜单中合并项的位置
System. Windows. Forms. Form. IsMdi-Container	获取或设置一个值,该值指示窗体是否为 MDI 子窗体的容器
ShowItemToolTips	获取或设置一个值,该值指示是否为 MenuStrip 显示工具提示
CanOverflow	获取或设置一个值,该值指示 MenuStrip 是否支持溢出功能
ShortcutKeys	获取或设置与 ToolStripMenuItem 关联的快捷键
ShowShortcutKeys	获取或设置一个值,该值指示与 ToolStripMenuItem 关联的快捷键是否显示在 ToolStripMenuItem 旁边

创建 MenuStrip 过程如下。

① 在窗体上添加菜单栏控件 MenuStrip，直接按住 MenuStrip 不放，将其拖到右边的 Windows 窗体中即可，如图 4-42 所示。

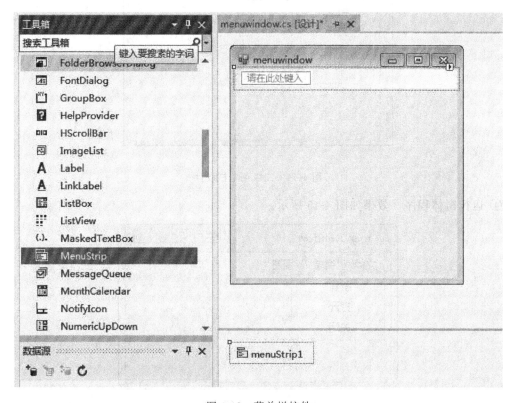

图 4-42　菜单栏控件

② 在 Windows 窗体设计界面中就能看到"请在此处键入"选项，直接单击它，然后输入菜单的名称，例如，"文件""编辑""视图"等，如图 4-43 所示。

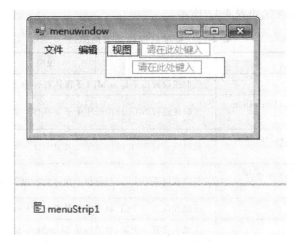

图 4-43　一级菜单栏设计

③ 添加一级菜单后还能添加二级菜单，例如，为"文件"菜单添加"新建""打开""关闭"等二级菜单，模拟一个文件菜单（包括二级菜单）和编辑菜单，如图 4-44 所示。

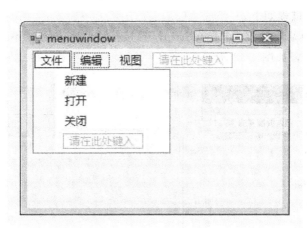

图 4-44　二级菜单栏设计

④ 运行窗体程序，效果如图 4-45 所示。

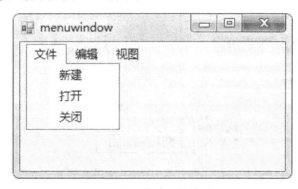

图 4-45　菜单运行效果

4.2.3.2　工具栏控件

工具栏（ToolStrip）控件的属性管理着控件的显示位置和显示方式，是 MenuStrip 控件的基础。ToolStrip 控件在工具箱容器中的菜单栏和工具选项下面。

ToolStrip 只是一个工具条，上面并没有其他控件，所以它不能响应事件，从而没有功能。

ToolStrip 的常用属性，如表 4-13 所示。

表 4-13　工具栏菜单控件的常用属性

属性	说明
AllowItemRecorder	是否允许重新排列 ToolStrip 中的控件,默认为 False
Dock	工具栏停靠的位置,默认为 Top
GripStyle	指定手柄可见性
ShowItemToolStrip	是否显示空间的提示

创建 ToolStrip 过程如下。

① 在窗体上添加菜单栏控件 ToolStrip，直接按住 ToolStrip 不放，将其拖到右边的 Windows 窗体中即可，如图 4-46 所示。

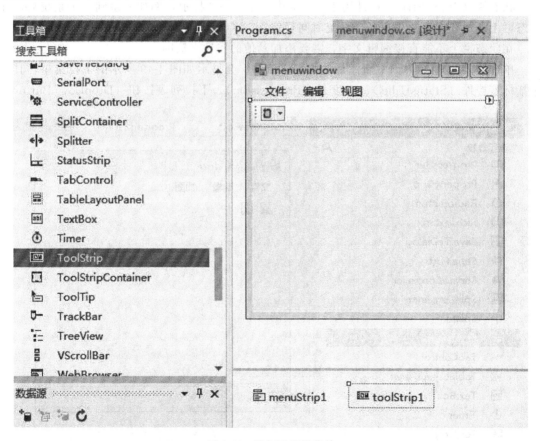

图 4-46　添加工具栏菜单

② 点击列表框，选对应的控件，如图 4-47 所示。

图 4-47　选择工具栏控件

4.2.3.3　状态栏控件

状态栏（StatusStrip）控件用于在界面中给用户一些提示，例如登录到一个系统后，在状态栏上显示登录人的用户名、系统时间等信息。

在状态栏上不能直接编辑文字，需要添加其他的控件来辅助。

单击图 4-48 所示界面中新添加的状态栏控件，会显示如图 4-49 所示的下拉菜单，其中包括标签控件（StatusLabel）、进度条（ProgressBar）、下拉列表按钮（DropDownButton）、

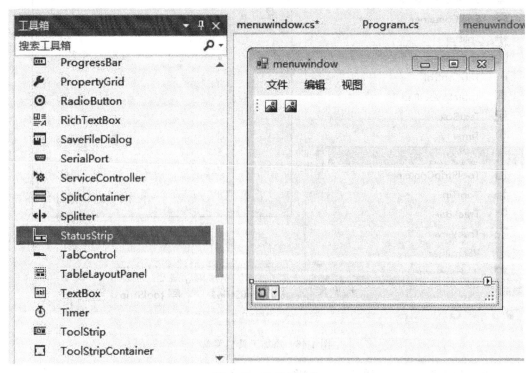

图 4-48　状态栏菜单

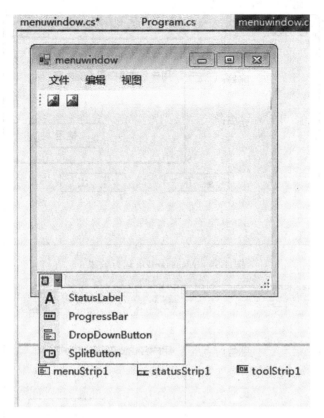

图 4-49　状态栏菜单选项

分割按钮（SplitButton）。

4.2.4　掌握对话框的应用

4.2.4.1　消息框

消息框（MessageBox）用于显示提示、警告等信息。在 .NET 框架中，使用 MessageBox 类来封装消息对话框，只能调用其静态成员方法 Show 来显示信息框。

其语法格式为：

MessageBox. Show（〈字符串〉Text，〈字符串〉Title，〈整型〉nType，MessageBoxIcon）；

第一个参数是 String 类型，表示提示框里面的内容；

第二个参数是 String 类型，表示提示框的标题；

第三个参数是整数类型，表示消息框的类型，一般都使用系统提供的几种类型；

第四个参数是提示框的图标，比如说警告、提示、问题等。

例如：

MessageBox. Show（"用户名或者密码不能为空"），效果如图 4-50 所示；

MessageBox. Show（"用户名或者密码不能为空"," 登录提示"），效果如图 4-51 所示；

MessageBox. Show（"用户名或者密码不能为空"," 登 录 提 示"，MessageBoxButtons. OKCancel），效果如图 4-52 所示；

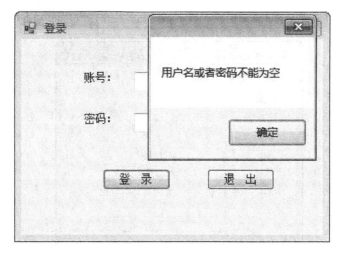

图 4-50　MessageBox 运行效果 1

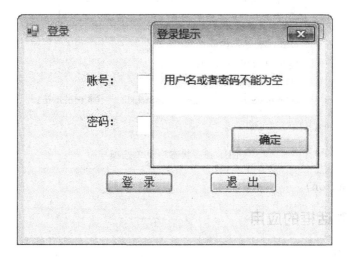

图 4-51　MessageBox 运行效果 2

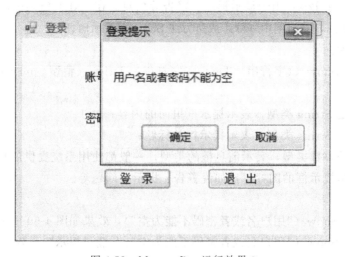

图 4-52　MessageBox 运行效果 3

MessageBox. Show（"用户名或者密码不能为空"," 登录提示"，MessageBoxButtons. OKCancel，MessageBoxIcon. Exclamation)；，效果如图 4-53 所示。

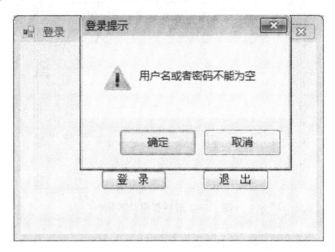

图 4-53 MessageBox 运行效果 4

4.2.4.2 打开对话框

打开对话框（OpenFileDialog）是一个类，此类可以设置弹出一个选择文件对话框。比如：我们发邮件时需要上传附件的时候，就会弹出一个让我们选择文件的对话框，我们可以根据自己的需求，自行设置一些对话框的属性，如表 4-14 所示。

表 4-14 对话框的常用属性

属性	说明
Title	此属性可以设置文件对话框的标题
InitialDirectory	此属性可以设置打开文件对话框的默认路径,有两种方式供用户选择:一种是设置一个绝对路径,一种是设置系统提供的特殊路径
Filter	过滤要选择的文件类型
Multiselect	是否可以选择多个文件,默认是不可以多选的
FileName	此属性返回选中文件的路径。适用选中一个文件,如果是多个文件就用 FileNames,用数组接收
SafeFileName	此属性只返回选中文件的文件名+后缀名。如果选中多个文件就用 SafeFileNames

4.2.4.3 保存对话框控件

保存对话框控件（SaveFileDialog）是一个类，用户可以使用该对话框将文件保存到指定的位置上。SaveFileDialog 组件继承了 OpenFileDialog 组件的大部分属性、方法和事件。

【例 4-14】 开发程序，使其能够打开并保存文件。

操作步骤：

① 创建窗体，添加控件，如图 4-54 所示。

② 在"打开文件"命令按钮的 Click 事件和"保存文件"按钮的 Click 事件中分别编写代码，如图 4-55 所示。

③ 新建文本文件，并在该文件输入任意信息。

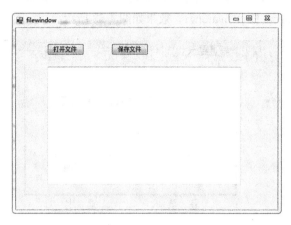

图 4-54 对话框设计界面

```
private void button1_Click(object sender, EventArgs e)
{
    OpenFileDialog of = new OpenFileDialog();
    of.Filter=("文本文件|*.txt|全部文件|*.*");
    DialogResult dr = of.ShowDialog();
    //获取所打开文件的文件名
    string filename = of.FileName;
    if (dr == System.Windows.Forms.DialogResult.OK && !string.IsNullOrEmpty(filename))
    {
        StreamReader sr = new StreamReader(filename);
        textBox1.Text = sr.ReadToEnd();
        sr.Close();
    }
}

private void button2_Click(object sender, EventArgs e)
{
    DialogResult dr = SaveFileDialog1.ShowDialog();
    string filename = SaveFileDialog1.FileName;
    if (dr == System.Windows.Forms.DialogResult.OK && !string.IsNullOrEmpty(filename))
    {
        StreamWriter sw = new StreamWriter(filename, true, Encoding.UTF8);
        sw.Write(textBox1.Text);
        sw.Close();
    }
}
}
```

图 4-55 编写代码

④ 运行程序，检测运行效果，如图 4-56 所示。

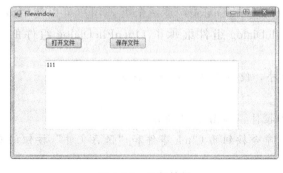

图 4-56 运行结果

4.3 任务实施

4.3.1 信息录入

编写一个 Windows 窗体应用程序，输入自己的班级、学号、姓名并用 MessageBox 进行显示，运行效果如图 4-57 所示。

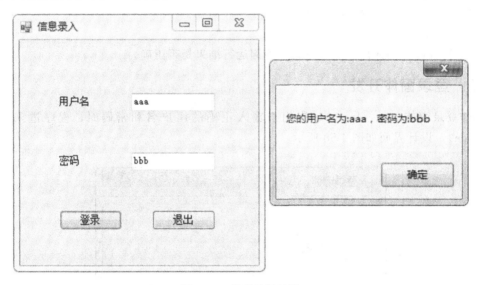

图 4-57　程序运行效果

开发过程如下。

① 新建 Windows 窗体应用程序项目，并保存到指定的路径下。

② 添加控件。在窗体中添加两个标签控件、两个文本框控件和两个命令按钮控件，并修改属性，如表 4-15 所示。

表 4-15　属性设置

控件名称	属性名	属性值
Label1	Text	用户名
Label2	Text	密码
textBox1	Name	tbusername
textBox2	Name	tbpassword
Button1	Name	btok
	Text	登录
Button2	Name	btquit
	Text	退出

③ 编写登录按钮代码。添加命令按钮 btok 的 Click 事件，在该事件中添加代码如下。

```
private void btok_Click(object sender,EventArgs e)
    {
        string username,password;
```

```
        username=tbusername. Text;
        password=tbpassword. Text;
        MessageBox. Show(您的用户名为:"+username+",密码为:"+password");

    }
```

④ 编写退出按钮代码。添加命令按钮 btquit 的 Click 事件，在该事件中添加代码如下。

```
private void btquit_Click(object sender,EventArgs e)
    {
        this. Close();
    }
```

⑤ 运行程序，输入用户名和密码，检测运行结果是否正确。

4.3.2 登录窗体开发

制作登录窗体（w_login），当用户输入正确的用户名和密码时，程序进入主窗体（w_main），设计界面如图 4-58 所示。

图 4-58　软件设计界面

开发过程如下。

① 新建 Windows 窗体应用程序项目，并保存到指定的路径下。

② 新建窗体 login，添加控件。在窗体中添加两个标签控件、两个文本框控件和两个命令按钮控件，并修改属性。

③ 新建窗体 main，添加控件。设置窗体 main 的 title 属性为"主窗体"。

④ 编写 login 窗体的登录按钮代码。添加命令按钮 btok 的 Click 事件，在该事件中添加代码如下。

```
private void btok_Click(object sender,EventArgs e)
```

```
    {
        if (tbusername. Text=="" || tbpassword. Text=="")
        {
            MessageBox. Show("信息不能为空,请重新输入");
            tbusername. Text="";
            tbpassword. Text="";
            tbusername. Focus();
        }
        else if (tbusername. Text=="abc" && tbpassword. Text=="abc")
        {
            main m1=new main();
            m1. Show();
            this. Hide();
        }
        else
        {
            MessageBox. Show("用户名或密码错误,请重新输入","提示");
            tbusername. Text="";
            tbpassword. Text="";
            tbusername. Focus();
        }
    }
```

⑤ 运行程序，输入用户名和密码，当输入信息为空时，显示结果如图 4-59 所示，当输入的用户名或密码错误时，显示结果如图 4-60 所示。当运行结果正确时，程序进入主窗体。

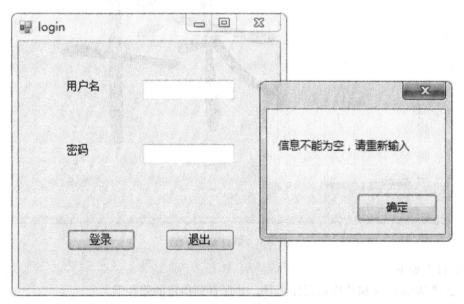

图 4-59　运行效果 1

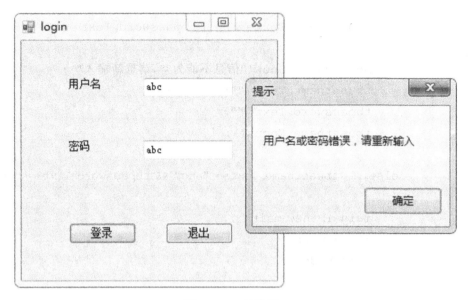

图 4-60　运行效果 2

4.3.3　图片浏览器

制作图片浏览器，使用打开文件对话框将文件名保存到列表框中，通过点击列表框中的列表项，使对应的图片在图片控件中显示出来，如图 4-61 所示。

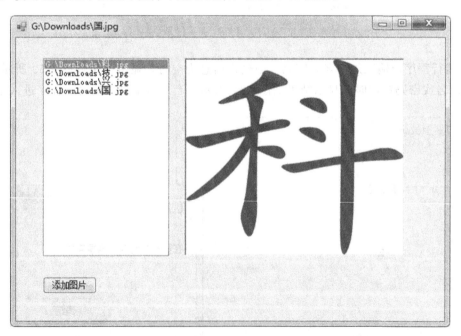

图 4-61　软件设计界面

开发过程如下。

① 新建 Windows 窗体应用程序项目，并保存到指定的路径下。

② 新建窗体，添加控件。在窗体中添加一个列表框控件、一个图片控件和一个命令按

钮，并修改属性，如表 4-16。

表 4-16　属性设置

控件名称	属性名	属性值
ListBox1	Name	lbpic
Button1	Name	btadd
	Text	添加图片
PictureBox1	Name	Pbpic
	SizeMode	StretchImage

③ 编写命令按钮代码。添加命令按钮 btadd 的 Click 事件，在该事件中添加代码如下。

```
private void btadd_Click(object sender,EventArgs e)
        {
            OpenFileDialog fd=new OpenFileDialog();
            fd. Filter=("图片文件|* .jpg|全部文件 |* . * ");
            DialogResult dr=fd. ShowDialog();
            string filename=fd. FileName;
            if (dr==System. Windows. Forms. DialogResult. OK
&& ! string. IsNullOrEmpty(filename))
            {
                lbpic. Items. Add(filename);
            }
            this. Text=filename;
        }
```

④ 编写列表框代码。添加列表框 lbpic 的 SelectedIndexChanged 事件，在该事件中添加代码如下。

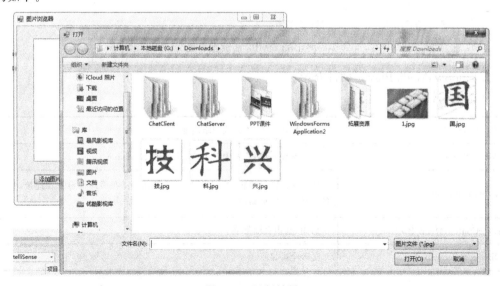

图 4-62　运行效果

```
private void lbpic_SelectedIndexChanged(object sender,EventArgs e)
    {
            Pbpic. Image= Image. FromFile(lbpic. SelectedItem. ToString());
    }
```

⑤ 运行程序，检测效果，如图 4-62 所示。

4.4 巩固与提高

制作音乐播放器。使用 axWindowsMediaPlayer 插件，开发 MP3 播放器，该播放器能够进行播放控制，并可调节音量及播放进度，设计界面如图 4-63 所示。

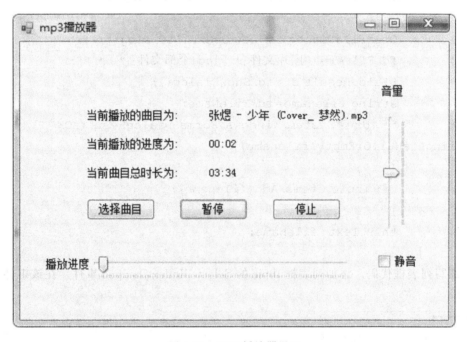

图 4-63　MP3 播放器界面

axWindowsMediaPlayer 插件介绍。

① 基本属性：

URL：String	指定媒体位置,本机或网络地址
uiMode：String	播放器界面模式,可为 Full、Mini、None、Invisible
playState：integer	播放状态,1＝停止,2＝暂停,3＝播放,6＝正在缓冲,9＝正在连接,10＝准备就绪,8＝完成播放
enableContextMenu：Boolean	启用/禁用右键菜单
fullScreen：boolean	是否全屏显示

② 播放器基本控制：

controls. play;	播放
controls. pause;	暂停
controls. stop;	停止
controls. currentPosition:double;	当前进度
controls. currentPositionString:string;	当前进度,字符串格式。如"00:23"
controls. fastForward;	快进
controls. fastReverse;	快退
controls. next;	下一曲
controls. previous;	上一曲

③ 播放器基本设置:

settings. volume:integer;	音量,0~100
settings. autoStart:Boolean;	是否自动播放
settings. mute:Boolean;	是否静音
settings. playCount:integer;	播放次数

④ 当前媒体属性:

currentMedia. duration:double;	媒体总长度
currentMedia. durationString:string;	媒体总长度,字符串格式。如"03:24"
currentMedia. getItemInfo(const string);	获取当前媒体信息"Title"=媒体标题,"Author"=艺术家,"Copyright"=版权信息,"Description"=媒体内容描述,"Duration"=持续时间(秒),"FileSize"=文件大小,"FileType"=文件类型,"sourceURL"=原始地址
currentMedia. setItemInfo(const string);	通过属性名设置媒体信息
currentMedia. name:string;	同 currentMedia. getItemInfo("Title")

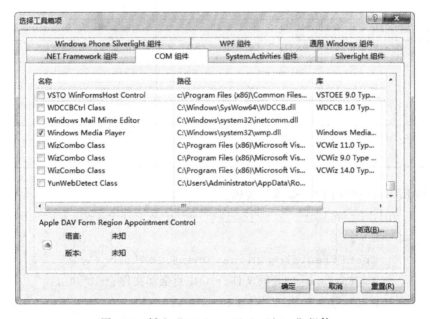

图 4-64　插入"Windows Media Player"组件

开发过程如下。

① "工具箱"中单击右键，选择"选择项"菜单，打开"选择工具箱项"窗口，选择"COM 组件"标签，在列表中找到并勾选"Windows Media Player"组件，单击"确定"按钮，如图 4-64 所示。

② 在窗口中添加控件，控件名称及属性设置如表 4-17 所示。

表 4-17　属性设置

控件类型	属性名	属性值
Label1	Text	当前播放的曲目为：
Label2	Text	当前播放的进度为：
Label3	Text	当前曲目总时长为：
Label4	Name	lbname
	Text	当前播放的曲目为：
Label5	Name	lbcurrent
	Text	当前播放的曲目为：
Label6	Name	lbtotal
	Text	当前播放的曲目为：
Button1	Name	btselect
	Text	选择曲目
Button2	Name	btplay
	Text	播放
	Tag	0
Button3	Name	btstop
	Text	停止
Timer1	Interval	500
axWindowsMediaPlayer1	Visible	False
trackBar1	Name	tbvolume
	Maximum	100
	Orientation	Vertical
	Value	50
trackBar1	Name	tbposition
	Maximum	100

③ 添加 btselect 按钮的 Click 事件代码。

```
private void btselect_Click(object sender,EventArgs e)
    {
        OpenFileDialog fd=new OpenFileDialog();
        fd.Filter=("音频文件|*.MP3|全部文件|*.*");
        DialogResult dr=fd.ShowDialog();
        string sfn=fd.SafeFileName;
```

```
            string fn=fd. FileName;
            if (dr==System. Windows. Forms. DialogResult. OK
&& ! string. IsNullOrEmpty(sfn))
            {
                lbname. Text=sfn;
            }
            axWindowsMediaPlayer1. URL=fn;
            axWindowsMediaPlayer1. Ctlcontrols. stop();
        }
```

④ 添加 btplay 按钮的 Click 事件代码。

```
private void btplay_Click(object sender,EventArgs e)
        {
            if (btplay. Tag. ToString()=="0")
            {
                axWindowsMediaPlayer1. Ctlcontrols. play();
                btplay. Text="暂停";
                btplay. Tag="1";
                timer1. Enabled=true;
            }
            else
            {
                axWindowsMediaPlayer1. Ctlcontrols. pause();
                btplay. Text="播放";
                btplay. Tag="0";
            }
        }
```

⑤ 添加 btstop 按钮的 Click 事件代码。

```
private void btstop_Click(object sender,EventArgs e)
        {
            axWindowsMediaPlayer1. Ctlcontrols. stop();
            btplay. Text="播放";
            btplay. Tag="0";
        }
```

⑥ 添加计时器 timer1 的 Tick 事件代码。

```
private void timer1_Tick(object sender,EventArgs e)
    {
        lbcurrent. Text=axWindowsMediaPlayer1. Ctlcontrols. currentPositionString;
        lbtotal. Text=axWindowsMediaPlayer1. currentMedia. durationString;
        tbposition. Value=
Convert. ToInt32(axWindowsMediaPlayer1. Ctlcontrols. currentPosition);
```

```
        tbvolume.Value=axWindowsMediaPlayer1.settings.volume;
    }
```

⑦ 添加滑动条 tbvolume 的 Scroll 事件代码。

```
    private void tbvolume_Scroll(object sender,EventArgs e)
    {
        axWindowsMediaPlayer1.settings.volume=tbvolume.Value;
    }
```

⑧ 运行程序，选择 MP3 文件进行播放。

记一记：

4.5 课后习题

（1）在 C# WinForms 程序中，创建一个窗体的后缀名为（　　）。　　　　（选择一项）

A．.cs 　　　　　B．.aspx 　　　　　C．.xml 　　　　　D．.wsdl

（2）在 C# WinForms 程序中，以下哪项文件属于主程序文件（　　）。　　（选择一项）

A．Properties.cs 　　　　　　　　　B．Form1.cs

C．Form1.Designer.cs 　　　　　　　D．Program.cs

（3）在 C# WinForms 程序中，新建的窗体后台 cs 代码自动继承了（　　）窗体。

（选择一项）

A．Form 　　　　　B．Form1 　　　　　C．Windows 　　　　　D．object

（4）在新建窗体中拖一控件，此控件自动生成的代码应放在以下哪个文件中（　　）。

（选择一项）

A．.properties.cs 　　　　　　　　　B．.cs

C．.designer.cs 　　　　　　　　　　D．.resx

（5）在 C# WinForms 程序中，以下默认主程序中生成的主方法为（　　）。

（选择一项）

A．static int main() 　　　　　　　　B．static void Main()

C．static string main() 　　　　　　　D．static double main()

（6）在 C# WinForms 程序中，以下关于窗体属性说法错误的是（　　）。　　（选择一项）

A．BackgroundImage 为设置窗体的背景图像

B．MaximizeBox 为设置窗体标题右上角是否有最大化框，默认为 True

C．StartPosition 为确定窗体第一次出现时的位置

D．TopMost 指示窗体是否显示在此属性未设置为 True 的所有窗体之上，默认为 True

（7）在 C# WinForms 程序中，以下不属于 Label 属性的一项是（　　）。　　（选择一项）

A．MaxLength　　　　　　　　　　B．Multiline

C．Items　　　　　　　　　　　　D．ReadOnly

（8）在 C# WinForms 程序中，实现窗体间的跳转，创建窗体对象后显示窗体的方法为
（　　）。　　　　　　　　　　　　　　　　　　　　　　　　　　　（选择一项）

A．Load　　　　　B．Show　　　　　C．Run　　　　　D．Exit

（9）在 C# WinForms 程序中，以下关于控件的描述中错误的是（　　）。　　（选择一项）

A．ToolStrip 属性里没有 Items 集合　　B．StatusStrip 属性里有 Items 集合

C．ComboBox 属性里有 Items 集合　　D．Label 属性里没有 Items 集合

（10）在 C# WinForms 程序中，以下退出应用程序的方法是（　　）。　　（选择一项）

A．Run()　　　　　B．Exit()　　　　C．Show()　　　D．Close()

（11）在 C# WinForms 程序中，以下关于 Timer 控件说法正确的是（　　）。
　　　　　　　　　　　　　　　　　　　　　　　　　　　　　　　（选择一项）

A．有属性 Start（）和 Stop()　　　　B．有方法 Enabled()

C．有事件 Interval　　　　　　　　D．有事件 Tick

（12）在 C# WinForms 程序中，以下不能绑定 DataGridView 数据源的是（　　）。
　　　　　　　　　　　　　　　　　　　　　　　　　　　　　　　（选择一项）

A．Table　　　　　B．DataSet　　　　C．Index　　　　D．List

（13）在 C# 中，要使用 ExecuteReader（）方法查询获取数据库中的数据集，需要创建
（　　）类型对象。　　　　　　　　　　　　　　　　　　　　　　（选择一项）

A．SqlCommand　　　　　　　　　B．SqlConnection

C．SqlDataAdapter　　　　　　　　D．DataSet

（14）在 C# 中，关于 TreeView 以下说法正确的是（　　）。　　　（选择一项）

A．事件 SelectedNode 为当前选中父节点

B．事件 SelectedNode 为当前选中子节点

C．事件 AfterSelect 为节点选中后发生

D．事件 ImageIndex 为节点默认图像索引

（15）获得 TreeView 控件中选中的节点，应该执行（　　）。　　　（选择一项）

A．Click　　　　　B．AfterSelect　　　C．Selected　　　D．都不是

（16）C# 中，可以使用枚举变量避免不合理的赋值，以下关于枚举的说法正确的是
（　　）。　　　　　　　　　　　　　　　　　　　　　　　　　　（选择一项）

A．枚举是引用类型　　　　　　　　B．枚举中可以定义方法

C．枚举可以定义属性　　　　　　　D．可以为枚举类型中的元素赋整数值

（17）DataSet 与 DataTable、DataView 三者之间的关系是（　　）。　　（选择一项）

A．DataSet 包含 DataTable，DataTable 包含 DataView

B. DataView 包含 DataTable，DataSet 包含 DataTable

C. DataTable 包含 DataView，DataTable 包含 DataSet

D. DataSet 包含 DataTable，DataView 包含 DataSet

（18）当调用 MessageBox.show（）方法时，消息框返回值是（　　）。　　　（选择一项）

A. MessageResult   B. DialogValue

C. DialogResult   D. DialogBox

（19）让窗体初始化加载后显示在屏幕中央，需要设置以下哪项属性（　　）。

（选择一项）

A. WindowState   B. ShowInTaskbar

C. StartPosition   D. FormBorderStyle

（20）以下哪项控件可以将其他控件分组（　　）。　　　（选择一项）

A. GroupBox   B. TextBox

C. ComboBox   D. Label

（21）下列选项哪项是多文档界面应用程序（　　）。　　　（选择一项）

A. 记事本   B. Windows 资源管理器

C. Microsoft Word   D. Microsoft Excel

（22）ListView 类包含在（　　）命名空间中。　　　（选择一项）

A. System.Windows.Froms   B. System.Windows.Drawing

C. System.Windows.Paint   D. 以上都不是

（23）在 C# 中，关于命名空间说法正确的是（　　）。　　　（选择两项）

A. 采用 import 关键字添加命名空间引用

B. 采用 using 关键字添加命名空间引用

C. 添加命名空间引用必须添加在当前命名空间外部

D. 添加命名空间引用必须添加在当前命名空间内部

（24）在 C# 中，下面关于 StringBuilder 描述正确的是（　　）。　　　（选择一项）

A. 使用 StringBuilder 的性能总是优于 string

B. StringBuilder 对象同样可以采用"＋"进行字符拼接

C. StringBuilder 对象可以采用 Append（）方法进行字符拼接

D. 以上描述都不正确

（25）以下枚举的说法错误的是（　　）。　　　（选择一项）

A. 枚举是一个指定的常数   B. 枚举定义一组有限的值

C. 可以为枚举类型中的元素赋整数值   D. 枚举中可以添加一个方法

（26）在 WinForms 中，当用户关闭窗体时，下面（　　）事件可能被触发。（选择两项）

A. Leave   B. FormClosed

C. Load   D. FormClosing

（27）下面（　　）可以显示一个模式窗体。　　　（选择一项）

A. Application.Run（new Form1（））   B. form1.Show（）

C. form1.ShowDialog（）   D. MessageBox.Show（）

（28）WinForms 程序中，如果复选框控件的 Checked 属性值设置为 False，则表示
（　　）。　　　（选择一项）

A. 该复选框被选中　　　　　　　　　B. 该复选框不被选中

C. 不显示该复选框的文本信息　　　　D. 显示该复选框的文本信息

(29) 以下关于 DataSet 的说法错误的是（　　　）。　　　　　　　（选择一项）

A. DataSet 里面可以创建多个表

B. DataSet 的数据存放在内存里面

C. DataSet 中的数据可以修改

D. 在关闭数据库链接后，不能使用 DataSet 中的数据

(30) C# 中，关于 Timer 控件的说法正确的是（　　　）。　　　　（选择两项）

A. Interval 以秒为单位　　　　　　　B. Tick 事件表示指定间隔时间发生的事件

C. Run（）启动计时器　　　　　　　D. Stop（）停止计时器

(31) 以下关于 DataView 常用属性说法错误的是（　　　）。　　　（选择一项）

A. Table 用于获取或设置源 DataTable

B. Sort 获取或设置 DataView 的一个或多个排序列以及排序顺序

C. RowFilter 获取或设置用于筛选在 DataView 中查看哪些行的表达式

D. Count 在应用 RowFilter 后，获取 DataSet 中的行数

(32) 关于 TreeView 控件的 Node 常用属性，以下说法错误的是（　　　）。（选择一项）

A. ImageIndex 为节点默认的图像索引，如不设置，保持与 TreeView 设置相同

B. Level 为节点在树中的深度，从 1 开始

C. Nodes 为当前节点包含了子节点的集合

D. Parent 为当前节点的父节点

(33) MenuItem 常用属性，以下说法错误的是（　　　）。　　　（选择一项）

A. 属性 Click，单击时发生，单击菜单项时发生

B. 属性 DisplayStyle 指定是否显示图像和文本

C. 属性 Image 显示在菜单项上的图像

D. 属性 Text 显示在菜单项上的文本

(34) 以下哪个选项不属于 ComboBox 控件中 Items 属性的方法（　　　）。（选择一项）

A. Add()　　　　B. Clear()　　　　C. Remove()　　　　D. Count()

(35) 以下关于 WinForms 窗体的方法错误的说法是（　　　）。　　　（选择一项）

A. Close() 方法为关闭窗体　　　　　B. Show() 方法为显示窗体

C. ShowDialog() 方法为显示模式窗体　D. Hide() 方法为卸载窗体

(36) 关于 ComboBox 属性说法，以下错误的是（　　　）。　　　（选择一项）

A. DropDownStyle 为定义组合框的风格，指示是否显示列表框部分，是否允许用户编辑文本框部分

B. SelectedIndex 为当前选定项目的索引号，列表框中的每个项都有一个索引号，从 1 开始

C. SelectedItem 获取当前选定项　　　D. Text 为与组合框关联的文本

(37) 通过（　　　）可以设置消息框中显示的按钮。　　　　　　　（选择一项）

A. Button　　　　　　　　　　　　　B. DialogButton

C. MessageBoxButtons　　　　　　　D. MessageBoxIcon

(38) 显示图 4-65 效果，则代码正确的一项是（　　　）。　　　　（选择一项）

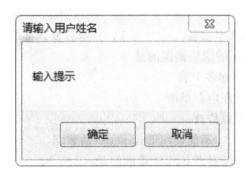

图 4-65　效果图

A. MessageBox. Show("输入提示","请输入用户姓名",MessageBoxButtons. YesNo);

B. MessageBox. Show("请输入用户姓名","输入提示",MessageBoxButtons. YesNo);

C. MessageBox. Show("输入提示","请输入用户姓名",MessageBoxButtons. OKCancel);

D. MessageBox. Show("请输入用户姓名","输入提示",MessageBoxButtons. OKCancel);

（39）下面对 DataView 特性的正确描述是（　　）。　　　　　　　　　　（选择一项）

A. DataView 可以访问多个 DataTable 表或 DataSet

B. DataView 可以根据记录的版本、状态进行筛选

C. DataView 可以作为连接两个相关表的手段

D. DataView 不能进行排序

（40）在 WinForms 中，某窗体上放置了一个 TreeView 控件用于信息的导航，程序运行后，当调整窗体大小时，如果希望此 TreeView 控件与窗体的上下左三个边缘始终保持不变的距离，则需要对 TreeView 控件的（　　）属性进行设置。　　　　　（选择一项）

A. Anchor　　　　　B. Location　　　　　C. Locked　　　　　D. Margin

（41）在 WinForms 中，MainForm 为 MDI 父窗体，在指定 ChildForm 为 MDI 子窗体时，需要在 MainForm 窗体中打开 ChildForm 的地方添加的代码是（　　）。　（选择一项）

A. ChildForm　fc=new ChilForm();

　　fc. Show();

B. ChildForm　fc=new ChilForm();

　　fc. MdiParent= this;

　　fc. Show();

C. ChildForm　fc=new ChilForm();

　　fc. MdiParent= MainForm;

　　fc. Show();

D. ChildForm　fm=new ChilForm();

　　fm. MdiParent=this;

　　fc. Show();

（42）在 WinForms 中，要实现用户的注册功能，即往数据库的用户表中添加一个用户信息，下面描述（　　）能实现这个功能。　　　　　　　　　　　　（选择一项）

A. 调用 SqlCommand 对象的 ExecuteNonQuery() 方法

B. 调用 SqlCommand 对象的 ExecuteReader() 方法

    C.　调用 SqlDataAdapter 对象的 Fill 方法

    D.　调用 SqlCommand 对象的 ExecuteScalar() 方法

（43）在 WinForms 中，为某个按钮绑定了 Click 事件，该按钮的处理程序如下所示，程序运行时，用户点击此按钮后，程序将（　　）。　　　　　　　　　（选择一项）

```
Applivation.Exit();
MessageBox.Show("ByeBye!");
```

    A.　关闭当前窗体，程序并不退出

    B.　直接退出

    C.　显示消息框，程序退出

    D.　显示消息框，程序并不退出

（44）在 WinForms 中，创建列一个名为 dtStudent 的 DataTable 数据表，并保存学生的学号（StuNo）、姓名（StuName）等信息，则下面代码错误的行是（　　）。（选择一项）

```
DataView dv= new DataView(dtStudent);        //1
dv.RowFilter= "stuNo= 's1201101'";      //2
dv.Sort;                //3
```

    A.　1　　　　　　　　B.　2　　　　　　　　C.　3　　　　　　　　D.　没有错误

（45）在 WinForms 中，窗体中有一个名为 cmbTerm 的 ComboBox 控件，假设在一个名为 dtTerm 的 DataTable 对象中保存学期的 ID 和 Name 信息，并且将 cmbTerm 和 dtTerm 进行列数据绑定，如果希望用户看到的是学期的 Name，但当用户选择一项时可以方便地获取学期的 ID，下面代码（　　）可以实现。　　　　　　　　　（选择一项）

    A.　cmbTerm.DataSource=dtTerm;

    B.　cmbTerm.DataSource=dtTerm;

       cmbTerm.DisplayMember="Name";

       cmbTerm.ValueMember="ID";

    C.　cmbTerm.DataSource=dtTerm;

       cmbTerm.Display="Name";

       cmbTerm.Value="ID";

    D.　cmbTerm.DataSource=dtTerm;

       cmbTerm.DisplayMember="ID";

       cmbTerm.ValueMember="Name";

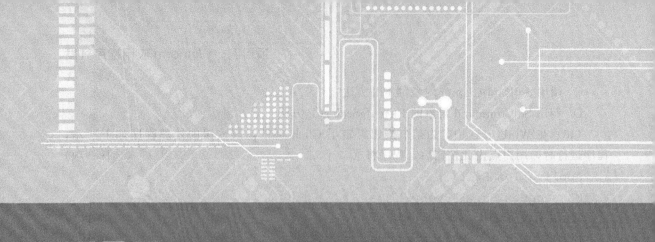

项目五
数据库技术

【项目背景】 学生信息管理系统是学校提升学生管理效率和质量的重要工具，是学校信息系统中重要的组成部分。引入此类系统，可以实现对学生信息的规范处理、科学统计和快速查询，减少人工管理的工作量。切实有效地应用学生信息管理系统，也有助于学校管理能力和水平的提升，显著提高学校教学质量。该系统实现的功能主要包括：用户登录；成绩录入；信息检索；修改密码等。系统管理员拥有最高的权限，允许添加教师信息和课程信息等。

5.1 任务目标

① 创建数据库 studentinfo。使用 SQL Server 创建数据库 studentinfo，该数据库包含一个数据库文件和一个日志文件，文件名分别为 studentinfo_data、studentinfo_log。其中数据库文件 studentinfo_data 初始大小为 5MB。

② 创建数据表。

③ 通过 ADO.NET 访问数据库。

5.2 技术准备

5.2.1 数据库技术

5.2.1.1 数据库的概念与发展

在信息技术快速发展的今天，数据库技术已成为现代信息科学与技术的重要组成部分，也是计算机数据处理与信息管理系统的核心。它是研究如何设计、管理和应用数据库的一门软件科学。人们在日常生活中离不开数据库技术。例如，搜索引擎、网上购物、电子邮件、网络游戏以及聊天工具等，都离不开数据库技术的支持。

（1）数据库的概念

通俗地说，正如仓库用来存放货物，车库用来停放和管理车辆一样，数据库是用来存储数据的仓库，这个仓库的物理位置在计算机上。严格地说，数据库是按照数据结构来组织、存储和管理数据的集合。

（2）数据模型

数据模型描述了数据在数据库中的存储形式。常用的数据模型被分为关系模型、层次模型和网状模型。其中关系模型是最为常见和常用的一种数据模型，也是 SQL Server 数据库存储数据所使用的数据模型。关系模型是用二维表的形式表示实体和实体之间联系的数据模型。因此 SQL Server 数据库可以描述成由多张相互之间有联系的二维表构成的数据库。

（3）数据库的发展

随着计算机技术的发展，对数据处理技术的要求越来越高，数据管理技术应运而生。数据管理技术的发展经历了人工管理阶段、文件系统阶段和数据库系统阶段。

① 人工管理阶段。20 世纪 50 年代中期之前，硬件软件都不完善，计算机主要用于科学计算，没有操作系统。硬件存储设备只有卡片、纸带和磁带，也没有软件系统对数据进行管理。数据的组织仅面向所在应用，数据不能共享。数据与程序结合在一起，不独立。

② 文件系统阶段。20 世纪 50 年代中期到 60 年代中期，这一阶段主要的标志是计算机操作系统的诞生。有了操作系统，数据就可以以文件为单位存储在外设中，由操作系统统一管理。这时的程序和数据可以分离，数据得到了以文件为单位的共享。但由于文件之间相互独立，不能反映出数据之间的联系，因而造成了大量的数据冗余。

③ 数据库系统阶段。20 世纪 60 年代中期以后，随着计算机技术的发展，数据管理技术也得到了普遍的应用，人们对数据管理技术也提出了更高的要求。减少数据冗余、提高数据共享能力、数据不仅能够描述自身特点而且要使数据之间建立联系、数据具有较高的独立性等，在这些应用需求的影响下，数据库技术发展起来。

计算机技术在发展，信息技术在发展，数据库技术也必定会不断地进步和发展。

5.2.1.2　数据库系统

① 数据库管理系统（database management system，DBMS），是一种操纵和管理数据库的大型软件，用来建立、使用和维护数据库。它对数据库进行统一的管理和控制，以保证数据库的安全性和完整性。用户通过 DBMS 访问数据库中的数据，数据库管理员也通过 DBMS 进行数据库的维护工作。常见的数据库管理系统有 Oracle、Sybase、Informix、Microsoft SQL Server、Microsoft Access、Visual FoxPro 等。

② 数据库系统（database systems）简称 DBS，是由数据库及其管理软件组成的系统。它是为适应数据处理的需要而发展起来的一种较为理想的数据处理的核心机构。它是一个实际可运行的，存储、维护和为应用系统提供数据的软件系统，是存储介质、处理对象和管理系统的集合体。数据库系统一般由数据库、数据库管理系统、数据库管理员（DBA）、用户和应用程序几部分组成。

5.2.1.3 SQL 简介

（1）SQL 语言

SQL 是结构化查询语言（structured query language）的缩写，是一种数据库查询和程序设计语言，同时也是数据库脚本文件的扩展名。

SQL 语言结构简洁、功能强大、简单易学。自从 IBM 公司 1981 年推出以来，SQL 语言得到了广泛应用。如今无论是像 Oracle、Sybase、DB2、Informix、SQL Server 这些大型数据库管理系统，还是像 Visual Foxpro、PowerBuilder 这些 PC 上常用的数据库开发系统，都支持 SQL 语言作为查询语言。

SQL 语言包含以下三个部分：

① 数据定义语言（data definition language，DDL），用来创建数据库和数据库对象。例如，create、alter 和 drop 语句。

② 数据操作语言（data manipulation language，DML），用来对数据表做查询、插入、修改、删除数据等操作。例如，select、insert、update、delete 语句。

③ 数据控制语言（date controlling language，DCL），用来控制数据库组件的存取权限。例如，grant、revoke、commit、rollback 等语句。

（2）T-SQL 语言

T-SQL（Transact-SQL）语言是 SQL 程序设计语言的增强版。它是用来让应用程序与 SQL Server 沟通的主要语言。T-SQL 提供标准 SQL 的 DDL 和 DML 功能，加上延伸的函数、系统预存程序以及程序设计结构（例如 IF 和 WHILE）让程序设计更有弹性。

SQL Server 2008 能够识别 SQL 语言和 T-SQL 语言发出的所有指令。

5.2.2 数据库操作

5.2.2.1 数据库基础

成功连接到服务器之后，在"对象资源管理器"中依次展开服务器节点、"数据库"节点和"系统数据库"节点，如图 5-1 所示。SQL Server 为我们提供了 4 个系统级别的数据库，下面做简单介绍。

① master 数据库：记录 SQL Server 系统所有系统级别信息，包括初始化信息、登录账户信息、系统配置信息和其他数据库的存储位置等。

② model 数据库：是系统中创建数据库的模板。

③ msdb 数据库：为 SQL Server 代理程序调度报警和作业以及记录操作员时使用。

④ tempdb 数据库：保存所有临时表和临时存储过程以及其他临时存储要求。tempdb 数据库在 SQL Server 系统断开连接时清空，在每次启动时重新创建。

用户创建的数据库与"系统数据库"属于同一级别节点，如图 5-2 所示，"AA"数据库是已创建的用户自定义数据库。展开"AA"数据库可以观察到，数据库是用来存放表、视图、存储等数据库对象的存储单元。因此，要管理数据库中的对象，首先要创建数据库。

构成数据库的文件按照作用不同，可分为以下三种类型。

① 主数据文件（.mdf）：每个数据库有且只能有一个主数据文件。用来存储数据库中的数据和对数据库的操作信息。

② 次要数据文件（.ndf）：每个数据库中可以没有次要数据文件，也可以根据需要创建

图 5-1 对象资源管理器

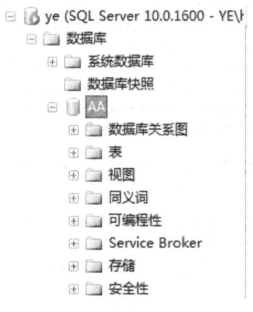

图 5-2 创建数据库

一个或者多个次要数据文件。主要用来存储数据库中的数据并和主数据文件一同构成数据库文件的数据库容量。

③ 事务日志文件（.ldf）：每个数据至少有一个日志文件，用来记录对数据库和数据库中数据的增删改等管理操作。当操作失误或数据被破坏时可以利用事务日志文件对操作或数据进行恢复。

通过构成数据库的文件类型和数量可以看出，一个数据库文件至少应该包含一个扩展名为.mdf的主数据文件和一个扩展名为.ldf的事务日志文件。图5-3中分别列出由不同数据文件构成的两个数据库文件。"学生选课数据库"由1个主数据文件、1个事务日志文件和1

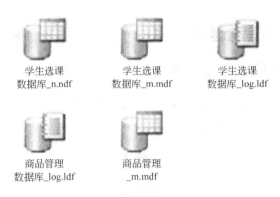

图 5-3　数据库文件

个次要数据文件构成；"商品管理数据库"由 1 个主数据文件和 1 个事务日志文件构成。

　　扩展名前面的是"系统文件名"，在创建数据库时定义，用来识别数据库文件。同时在创建时还会要求对每个文件给定一个"逻辑文件名"，这个文件名将被用于 T-SQL 语言编程。两个文件名可以相同也可以不同。

5.2.2.2　创建数据库

　　数据库是数据库系统的基本组成对象。数据表、视图、存储过程、触发器等都需要依附于数据库而存在。因此，创建数据库是创建其他对象的基础。在 SQL Server 中创建数据库可以使用"管理器"或者 T-SQL 语言两种方式。

　　【例 5-1】　为"商品销售管理系统"创建"商品管理数据库"。要求数据库存储在 E 盘的"数据库"文件夹下，由一个初始大小为 3MB、文件增量为 20％、最大容量为 30MB 的主数据文件（"商品管理＿m.mdf"）和一个初始大小为 1MB、文件增量为 1MB、最大增长不受限制的事务日志文件（"商品管理＿l.ldf"）构成。

图 5-4　"新建数据库"命令

① 在 E 盘下新建一个名为"数据库"的文件夹。

② 启动 SQL Server 管理器并登录服务器，在"对象资源管理器"中展开服务器节点，再在"数据库"节点查看"商品管理数据库"是否已经存在，如果已存在，请先将该数据库文件妥善保存并从服务器上删除。然后在"数据库"节点上右键单击，选择"新建数据库"命令，如图 5-4 所示，弹出"新建数据库"窗口，如图 5-5 所示。

图 5-5　"新建数据库"窗口

a. 数据库名称：设置应用于 SQL Server 管理系统的数据库名。

b. 逻辑名称：设置 T-SQL 语言能够使用的数据库文件的文件名，不带扩展名。

c. 文件类型：主数据文件和次要数据文件的文件类型为"行数据"；事务日志文件的文件类型为"日志"。

d. 文件组：主数据文件属于 PRIMARY 文件组，事务日志文件不属于任何文件组。SQL Server 也允许用户自己创建文件组。

e. 初始大小（MB）：设置任何一种类型的数据文件在数据库创建时的原始大小，MB 表示兆字节。在 SQL Server 2008 中，主数据文件的初始大小要求不能小于 3MB。

f. 自动增长：这是一个可选择属性。可以点击该属性单元格右侧的"···"按钮，弹出"更改自动增长设置"窗口，如图 5-6 所示。可以通过"启用自动增长（E）"选项设置是否启用自动增长，启用后可以设置文件的增长量和最大值。

g. 路径：数据库文件的存储位置。同一数据库中不同类型的数据库文件可以保存在不同位置，建议保存在相同路径方便管理。手动输入路径，或者单击"路径"属性单元格后的"···"按钮，在弹出的"定位文件夹"窗口中找到保存位置即可。

h. 文件名：用来设置数据库文件存储时所显示的文件名，不需要指定扩展名。如果不设置则文件名默认与"逻辑文件名"相同。

要求设置各数据库文件属性，设置结果如图 5-7 所示。单击"确定"按钮，完成数据库创建，同时关闭"新建数据库"窗口，返回"管理器"窗口。

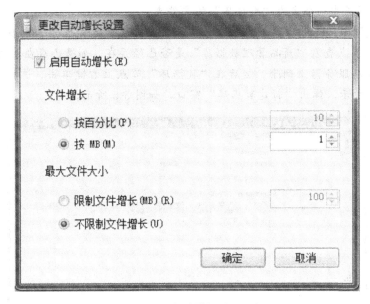

图 5-6 "更改自动增长设置"窗口

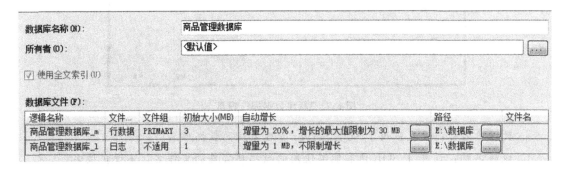

图 5-7 设置各数据库文件属性

在"对象资源管理器"中右键单击数据库节点,选择"刷新"命令后,展开数据库节点,可以看到"商品管理数据库"创建成功。访问 E 盘下的数据库文件夹,也可以看到两个分别名为"商品管理数据库 _ m. mdf"的主数据文件和"商品管理数据库 _ l. ldf"的事务日志文件,其中文件的扩展名是由数据库管理系统在创建时根据文件类型自动添加的。

注意:此时创建的数据库展开节点后虽然拥有数据库对象,却只是个"空壳",要实现对数据库对象的操作,还需为数据库创建数据表来实现。

5.2.2.3 修改数据库

【例 5-2】 使用管理器查看"商品管理数据库"的文件信息;同时为"商品管理数据库"添加一个次要数据文件(初始大小 1MB,增量 10%,最大值 5MB),并将日志文件的初始大小修改为 2MB。修改成功后,将该数据库从管理器中删除。

在"对象资源管理器"中依次展开"服务器""数据库"节点,对"商品管理数据库"右键单击,选择"属性"命令,弹出"数据库属性-商品管理数据库"窗口,如图 5-8 所示。默认显示选择页中的"常规"选项,右侧列出数据库的名称、创建时间、大小等基本信息。

在"选择页"中选择"文件"选项,在右侧窗口中选择名为"商品管理数据库 _ l"的

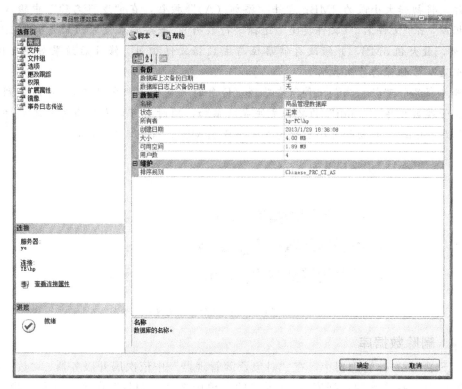

图 5-8 "数据库属性-商品管理数据库"窗口

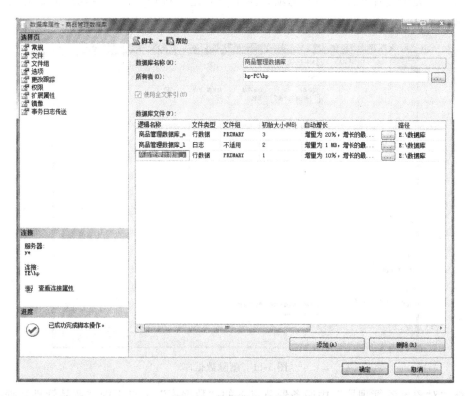

图 5-9 数据库文件修改

日志文件，将初始大小改为 2MB；单击"添加（A）"按钮，在"逻辑名称"中输入"商品管理数据库 _ n"文件名，"文件类型"选择"行数据"，并按要求设置初始大小 1MB，文件增量 10%，最大值 5MB，并修改存储路径与主数据文件相同。修改后结果如图 5-9 所示，点击"确定"按钮保存修改操作。

打开"商品管理数据库"文件所在路径（E 盘的"数据库"文件夹），可以看到一个名为"商品管理数据库 _ n.ndf"的数据文件成功添加，同时也可以看到事务日志文件"商品管理数据库 _ l.ldf"的初始大小已改为 2048KB（2MB），如图 5-10 所示。

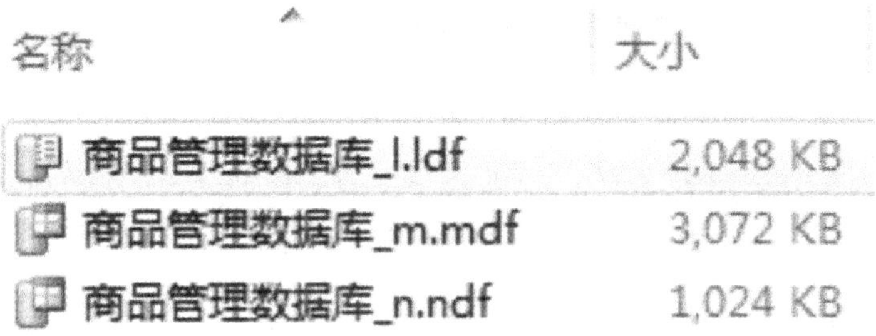

名称	大小
商品管理数据库_l.ldf	2,048 KB
商品管理数据库_m.mdf	3,072 KB
商品管理数据库_n.ndf	1,024 KB

图 5-10　"商品管理数据库"的文件

5.2.2.4　删除数据库

回到 SQL Server 管理器中，在"对象资源管理器"中依次展开服务器、"数据库"节点，右键单击"商品管理数据库"，在弹出的菜单中选择"删除"命令，打开"删除对象"窗口，选中"关闭现有连接（C）"选项，点击"确定"按钮，即可成功删除数据库，如图 5-11 所示。

图 5-11　删除数据库

检查"对象资源管理器"中服务器节点下的"数据库"节点下的"商品管理数据库"已经不存在。同时，打开 E 盘下的"数据库"文件夹，发现该数据库的数据库文件也被删除了。

5.2.3 数据库表的操作

5.2.3.1 表的概念

用户对数据库的操作实质是对数据表中数据的具体操作，因此数据表是数据库组成中非常重要的对象。用户对数据的查询操作与数据表设计的合理性、数据的完整性、表与表之间的关联分不开。

SQL Server 中的数据库是关系型数据库，数据库又是由互相之间有联系的二维表构成的。因此要创建数据表必须了解二维表的构成。表 5-1 是一张销售信息二维表，它由字段名、字段和记录三个元素构成。二维表中的每一列称为一个字段（属性）；除了第一行以外的每一行称为一条记录；第一行称为字段名。

表 5-1 销售信息二维表

字段名

商品编号	商品名称	销售单价	销售数量	销售金额	销售日期	客户编号
11110001	可口可乐	3.00	100	300.00	2012-12-01	20130001
11110002	矿泉水	1.20	200	240.00	2013-01-01	20130006
22220001	德美	8.00	50	400.00	2013-12-10	20130003
22220002	士力架	3.50	50	175.00	2013-01-01	20130001
22220003	彩虹糖	3.50	100	350.00	2013-01-10	20130002
33330001	雪花啤酒	2.50	40	100.00	2012-12-20	20130005
33330002	青岛啤酒	3.00	60	180.00	2013-01-10	20130003

记录

字段

5.2.3.2 数据类型

在 SQL Server 中创建出如表 5-1 所示的"销售信息二维表"，主要由设计表结构和向表中添加信息实现。所谓设计表结构，即完成表中字段名的创建，更重要的是为字段名设置适当的属性，来保障各字段中存放合理的数据，以达到更好的查询效果。为字段设置的所有属性中必不可少的是设置字段的数据类型。例如在"销售信息表"中，商品编号字段的数据类型为 nchar(8)，商品名称字段的数据类型为 nvarchar(10)，销售单价字段的数据类型为 decimal(6,2)，销售数量字段的数据类型为 int，销售日期字段的数据类型为 date 等。

字段的数据类型决定了添加到字段中数据的特性，它决定了数据的取值范围、精确度、在计算机中的存储格式等。除了字段需要设置数据类型外，后面学习的变量也需要定义数据类型。在 SQL Server 中有超过 35 种不同的数据类型，这里仅挑选常用的数据类型介绍。

（1）逻辑型

用 bit 表示逻辑型，它占用内存中 1 个字节的存储空间，用 0 或 1 的取值来表示 False 和 True。

（2）整数型

整数型是程序设计中最常见的数据类型，正数、负数和零都属于整数型数据。不同的计算机语言对整数型有不同的书写方式，SQL Server 中整数型按照取值范围由小到大包含 tinyint、smallint、int 和 bigint 四种。

① tinyint 型。tinyint 型从字面理解 tiny 有微小的意思。因此 tinyint 的取值范围是所有整数型中最小的。它的取值范围是 0～255 之间的所有整数。在内存中仅占用 1 个字节的存储空间。

② smallint 型。smallint 型是介于 tinyint 型和 int 型取值范围之间的整数类型。它在内存中占用 2 个字节的存储空间。取值范围为 $-2^{15} \sim 2^{15}-1$，即 $-32,768 \sim 32,767$ 之间的所有整数。

③ int 型。int 型在内存中占 4 个字节的存储空间，共 32 位，其中第一位是符号位，其他 31 位是数值位。int 型数据的取值范围是 $-2^{31} \sim 2^{31}-1$ 之间所有的整数，即 $-2147483648 \sim 2147483647$ 之间的所有整数。

④ bigint 型。bigint 型显然是比 int 取值范围更广的整数类型。它占用内存中 8 个字节的存储空间。取值范围为 $-2^{63} \sim 2^{63}-1$，即 $-9223372036854775808 \sim 9223372036854775807$ 之间的所有整数。

（3）浮点型

浮点型是指带小数的数值。由于取值范围的限制，浮点型数据在记数时采用只舍不入的存储方式。即只要被舍位非零就向前移位进 1，这样在结果上这个数的绝对值不会减小。在 SQL Server 中根据取值范围和用途可以包括 real、float 和 decimal 三种。

① real 型。real 型数据在内存中占用 4 个字节的存储空间，有效数字精确到 7 位，取值范围在 $-3.40 \times 10^{-38} \sim 3.40 \times 10^{+38}$ 之间。

② float 型。float 型数据在内存中占用 8 个字节的存储空间，有效数字精确到 15 位，取值范围为 $-1.79 \times 10^{+308} \sim 1.79 \times 10^{+308}$ 之间。float 型也可以被记作 float(n)，其中 n 为 1～53 之间的整数（1～24 表示精确到 7 位数 4 字节，25～35 表示精确到 15 位数 8 字节），用于存储科学记数法 float 尾数的位数，同时表示精度和存储大小。当 n 为 24 时 float 的取值范围等同于 real，即 real 与 float(24) 同义。

③ decimal 型。decimal 类型的数据占用了 2～17 个字节。decimal 数据类型在 SQL Server 中的定义形式如下：decimal[(p[,s])]，其中，p 是指精度，指定小数点左边和右边可以存储的十进制数字的最大个数。精度必须是 1～38 之间的值。s 是指小数数位，小数数位必须在 0～p 之间。

（4）字符型

字符型数据也是最常见、使用最多的数据类型。它可以存储字母、数字、标点、符号以及汉字。字符型在定义时最大的特点是必须指定长度，一般定义格式为"数据类型符（长度）"。SQL Server 中的字符类型可以包含 char、varchar、nchar 和 nvarchar 四种。其中后两种也被称为 Unicode 字符数据。

① char 型。char 数据类型的定义形式为 char(n)，其中 n 表示在内存中占用的存储空间，取值范围是 1～8000 之间的整数。如果输入的数值位数小于 n，则用空格填满剩余空间；如果输入的数值大于 n，则多余部分被截取。

② varchar 型。varchar 数据类型与 char 数据类型相似，定义形式为 varchar(n|max)，其中 n 表示在内存中占用的存储空间，取值范围是 1～8000 之间的整数。与 char 类型不同的是，varchar 被称为可变字符类型，可变之处表现在如果输入的数值小于 n，系统不会在

尾部填充空格来占用存储空间。如果输入的数据超出 8000 字节长度，可以使用 varchar（max）。

在选择 char 和 varchar 这两种数据类型时可以参考如下规则：如果字段中数据长度一致，那么使用 char 类型；如果字段中数据长度有差异，则使用 varchar 类型。但由于 char 类型长度固定，对于系统来说在处理数据的速度上要优于 varchar 类型。

③ nchar 型。nchar 数据类型的定义形式为 nchar(n)，其中 n 表示在内存中的存储空间，依照 Unicode 标准，nchar 定义中 n 的取值范围是 1～4000 之间的数值。其他用法与 char 相同。

④ nvarchar 型。nvarchar 数据类型的定义形式为 nvarchar(n|max)，其中 n 表示在内存中的存储空间，依照 Unicode 标准，nchar 定义中 n 的取值范围是 1～4000 之间的数值。其他用法与 varchar 相同。选用 nchar 和 nvarchar 数据类型的参考规则同选择 char 和 varchar。

（5）日期和时间型

这一分类中常用的数据类型有 date、time、datetime 和 smalldatetime 四种。

① date 型。date 型数据可以存储从 0001 年 1 月 1 日到 9999 年 12 月 31 日之间的日期数据。其显示格式为 YYYY-MM-DD。

② time 型。time 型数据存储数据的精确度为 100ns。可以表示 00:00:00.0000000～23:59:59.9999999 之间的时间。

③ datetime 型。datetime 型数据显示出的格式是日期数据和时间数据的组合，可以精确到 0.03ns，日期取值范围从 1753 年 1 月 1 日到 9999 年 12 月 31 日。

④ smalldatetime 型。显然 smalldatetime 型数据是缩小了 datetime 类型数据的取值范围，它的取值从 1900 年 1 月 1 日到 2079 年 6 月 6 日。显示格式是日期数据和时间数据的组合。

（6）其他数据类型

① 文本和图像类型。text 类型和 ntext 类型用于存储大量文本数据，比如"个人简介"。image 类型通常用来存储图像，它是长度可变的二进制数据，即将被 varbinary 数据类型所代替。

② 货币型。money 类型和 smallmoney 类型。money 型在内存中占 8 个字节，smallmoney 型在内存中占 4 个字节。它们的存储形式相当于有 4 位小数的 decimal 类型。

5.2.3.3　创建表

创建数据表跟创建数据库一样，也可以通过"管理器"和 T-SQL 语言两种方法实现。使用任何一种方法创建数据表都需要用户具有创建数据表的权限。

根据二维表的构成可以将创建表分为设计表结构和向表中添加数据两个基本步骤，其中在设计表结构时可以根据数据库的需求对字段设置约束来完善数据表的完整性，约束的操作也可以在创建完数据表之后再修改表结构实现。

【例 5-3】　表 5-2 是"商品管理数据库"中的一张数据表"客户信息表"，使用"管理器"创建该表。

步骤如下所示。

① 分析表结构得到表 5-3"客户信息表"结构。

表 5-2 客户信息表

客户编号	客户姓名	联系电话	地址	邮箱
20130001	张峰	13600001111	辽宁沈阳	zhf@163.com
20130002	赵小天	13700002222	辽宁大连	zxt@163.com
20130003	钱成	13800003333	辽宁锦州	qc@163.com

表 5-3 "客户信息表"结构

列名(字段名)	数据类型	长度	是否为空(Null)
客户编号	nchar	8	否
客户姓名	nvarchar	5	否
联系电话	nvarchar	11	否
地址	nvarchar	30	是
邮箱	nvarchar	20	是

② 启动"管理器"(Microsoft SQL Server Management Studio)连接服务器。在"对象资源管理器"中依次展开数据库节点、"商品管理数据库"节点,再展开"表"节点检查该节点下是否已有准备创建的数据库名称,如果没有,则右键单击"表"节点,在弹出的菜单中选择"新建表(N)"命令,打开"表设计器"。如图 5-12 和图 5-13 所示。

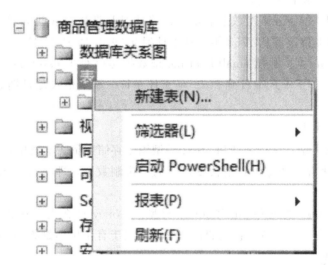

图 5-12 "新建表"命令

③ 根据表 5-3 提供的数据表各字段属性,可以在"表设计器"中完成"客户信息表"结构的创建。对创建表结构设计时需要注意的问题说明如下。

"列名":列名即二维表中的字段名,它构成了数据表的结构。列名可以是汉字、字母、数字、下划线和其他符号,通常不以数字开头,中间不加空格,不适用 SQL Server 系统中的关键字。同一个表中字段名不重复。

"数据类型":从下拉列表中选择适合该字段的数据类型。也可以使用用户自定义的数据类型。当选择了需要制定长度的数据类型时,可以根据字段的需要将长度直接输入在括号中,也可以在"列属性"的"长度"属性中填写。

图 5-13　表设计器

"允许 Null 值"：用来设定该字段是否可以输入空值。对号选中表示可以输入空值，取消表示不可以输入空值。被设置不允许输入空值的字段在没有输入值时将提示错误。

"列属性"：该属性设置的项目较多，包括列的常规属性、是否添加默认值约束、是否自增、公式等。需要结合需求分析、各表间关系以及约束条件针对不同字段做相应设置。

插入列操作：在每个"列名"的前面有一个小方格，被编辑的列前面会出现一个黑色的三角符号。在某一列前面插入一列的操作方法是在选中的列上右键单击鼠标，选择"插入列"即可。新列会被插入被选中列之前。

删除列操作：首先单击要删除列前面的小方格，选中已存在的一列，然后右键单击鼠标，选择删除列即可。

5.2.3.4　向表中添加数据

保存完数据表之后，数据表的结构就设计完成了。这时我们得到的数据表是一张只有字段名的空数据表。要得到一张完整的数据表还需要向表中添加数据来完善。向表中添加数据的方法是：在"对象资源管理器"中找到已创建的"客户信息表"，右键单击选择"编辑前200行（E）"命令，打开"查看数据表"窗口，如图 5-14、图 5-15 所示，按字段顺序逐行输入数据即可。

5.2.3.5　数据表的修改和删除

在使用和维护数据库的过程中，可以根据需求对已创建的数据表进行修改和删除操作。修改操作包括添加、修改、删除数据表的字段及属性和添加、修改、删除数据表中数据。删除数据表操作指将整个数据表从数据库中删除。修改和删除数据表可以使用"管理器"或T-SQL语言完成。

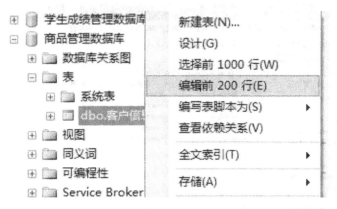

图 5-14 "编辑前 200 行（E）"命令

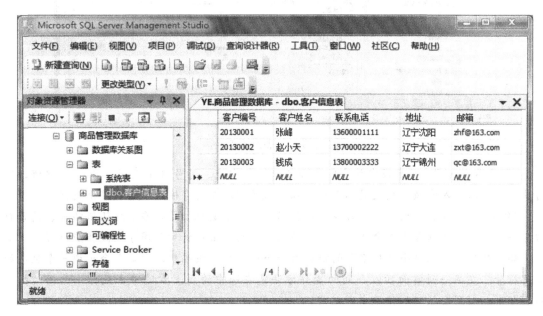

图 5-15 "查看数据表"窗口

（1）表的修改

【例 5-4】 将表 5-2"客户信息表"的"邮箱"字段数据类型长度修改为 30，并向数据表中添加一条客户记录信息（各字段："20130004""孙飞""13900004444""辽宁沈阳""sf@163.com"）。

该题涉及修改数据表的结构和修改数据表中数据两部分内容。

① 修改数据表结构。使用"管理器"修改表结构：将表 5-2"客户信息表"的"邮箱"字段数据类型长度修改为 30。

在"对象资源管理器"中依次展开"数据库""商品管理数据库""表"节点，右键单击"客户信息表"，选择"设计（G）"命令，如图 5-16 所示，打开"表设计器"窗口，选中"邮箱"字段，修改"数据类型"中长度值为 30。点击"保存"按钮保存后点击"关闭"按钮关闭"表设计器"，修改完成。

② 修改数据表中记录信息。向数据表中添加一条客户记录。

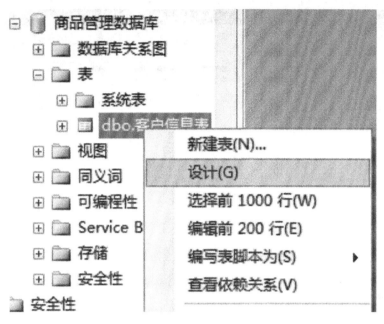

图 5-16 "设计"命令

这里只介绍使用"管理器"方式修改数据表中记录信息。

与前面向数据表中添加数据一样，在"对象资源管理器"中找到要修改的"客户信息表"，右键单击选择"编辑前 200 行（E）"，打开"查看数据表"窗口。直接在现有数据尾部按题目要求添加一条记录即可，添加完毕后将光标定位到下一条记录的第一个字段后，点击"关闭"按钮保存数据。结果如图 5-17 所示。

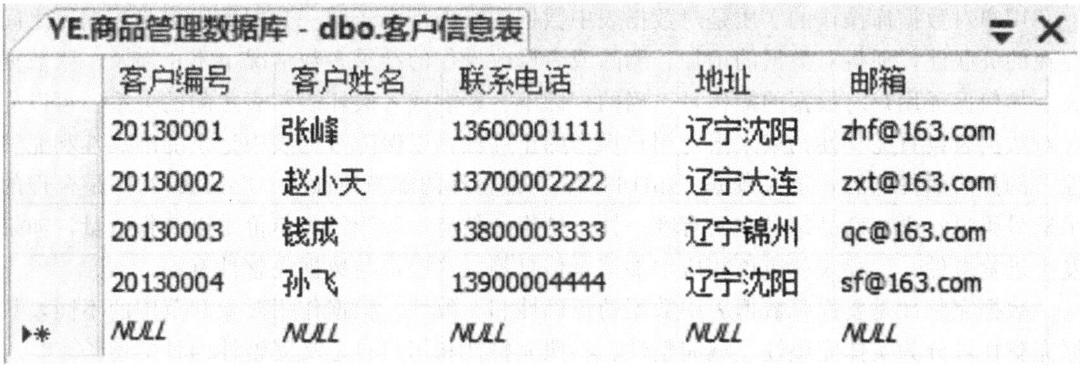

YE.商品管理数据库 - dbo.客户信息表				
客户编号	客户姓名	联系电话	地址	邮箱
20130001	张峰	13600001111	辽宁沈阳	zhf@163.com
20130002	赵小天	13700002222	辽宁大连	zxt@163.com
20130003	钱成	13800003333	辽宁锦州	qc@163.com
20130004	孙飞	13900004444	辽宁沈阳	sf@163.com
▶* NULL	NULL	NULL	NULL	NULL

图 5-17 "查看数据表"窗口

（2）表的删除

【例 5-5】 删除"商品管理数据库"中的"客户信息表"。

使用"管理器"删除数据表。在"对象资源管理器"中依次展开"数据库""商品管理数据库""表"节点，右键单击"客户信息表"，选择"删除"命令，弹出"删除对象"窗口，如图 5-18 所示，单击"确定"删除数据表。删除成功后"商品管理数据库"节点下的"表"节点下将没有"客户信息表"。这种删除数据表的方式没有"是否确认删除"的系统提示，需谨慎使用。

图 5-18　"删除对象"窗口

5.2.3.6　数据的完整性

用户对数据库操作的实质是对数据表中数据的操作。由于同一数据库中多张数据表之间存在的关联性，使得对数据的增加、删除或者修改操作的结果多数情况下不止涉及一张数据表。如何保证用户对数据的操作是正确的，即不会影响或者破坏表与表之间的关系？可以通过对数据表设置完整性约束来限定用户操作的正确性，以保障数据表中记录的准确性和完整性。例如前面提到的，录入数据"zhf163com"是合理的邮箱地址吗？"abcde123"是合理的手机号码吗？再如商品编号应具有唯一性，销售金额应该等于销售单价乘以销售数量，如果发生进货事件，库存表就应该相应增加记录信息等，这些都与数据完整性有关。

数据完整性是要保障数据表中数据的正确性和一致性。根据作用对象和范围的不同，数据完整性可分为实体完整性、域完整性、参照完整性和用户自定义完整性四种类型。

实体完整性主要的作用对象是表中的记录。满足实体完整性要求的数据表必须具备表中没有重复记录这一特点。通常可以通过设置主键、唯一约束或者指定字段属性为自增来满足实体完整性的要求。

域完整性主要的作用对象是表中的字段。满足域完整性要求的数据表中的字段必须有合理的数据类型和有效的取值范围。例如，性别字段的取值只能是"男"或"女"；百分制的成绩取值需要在大于等于 0 到小于等于 100 之间等。通常可以通过对字段设置默认值约束、检查约束、外键约束或规则等来满足域完整性要求。

参照完整性主要的作用对象是表与表之间的字段。满足参照完整性要求的数据表，表与表之间相同字段的值必须保持一致。例如，"销售信息表"中出现的"商品编号"必须是

"商品信息表"中存在的"商品编号"。通常可以通过对字段设置主键约束、外键约束、检查约束或者为表创建触发器等来满足参照完整性的要求。

用户自定义完整性是针对数据库中某些特定的关系而创建的约束条件。它可以在创建数据表时实现，也可以在规则、触发器或者存储过程中实现。所有的完整性类型都支持用户自定义完整性。

5.2.3.7　设置约束

约束是强制执行数据完整性的一种方法。它可以保障数据表中录入数据的有效性，也可以维护表间数据的一致性。SQL Server 中的约束包括主键约束（primary key）、外键约束（foreign key）、默认约束（default）、唯一约束（unique）和检查约束（check）五种类型。

（1）主键约束的概念

设置主键约束即为数据表设置主键。而所谓主键是指能够唯一标识数据表中每一行的列（字段）或者列（字段）的组合，又称为主关键字。被设置为主键的字段或字段的组合要求不能有重复值或空值。一张满足实体完整性要求的数据表必须拥有一个主键。例如，在"客户信息表"中"客户编号"字段就是主键。

使用"管理器"设置主键约束。

【例 5-6】　在"客户信息表"中设置"客户编号"字段为主键约束。

为数据表设置主键约束属于修改数据表结构操作。使用"管理器"为"客户信息表"的"客户编号"字段设置主键约束的方法如下。

① 在"对象资源管理器"中依次展开"数据库""商品管理数据库""表"节点，右键单击"客户信息表"，选择"设计（G）"命令，打开"表设计器"窗口。

② 在"表设计器"中选择要设置为主键的字段（"客户编号"）前面的方格，使黑色三角符号显示在这一字段前面。右键单击鼠标选择"设置主键（Y）"命令，如图 5-19 所示。

③ "客户编号"字段名前面的方格内出现金色钥匙，如图 5-20 所示，主键设置成功。

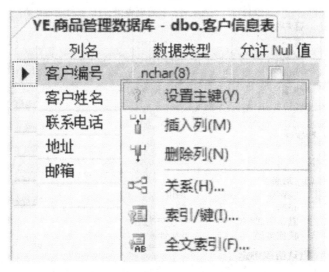

图 5-19　"设置主键（Y）"命令

也可以在选好主键字段后，点击工具栏上的"设置主键"按钮，完成设置主键操作。

如果一张表有多个字段共同作为主键，可以先选中一个字段，然后按住 Ctrl 键再选择

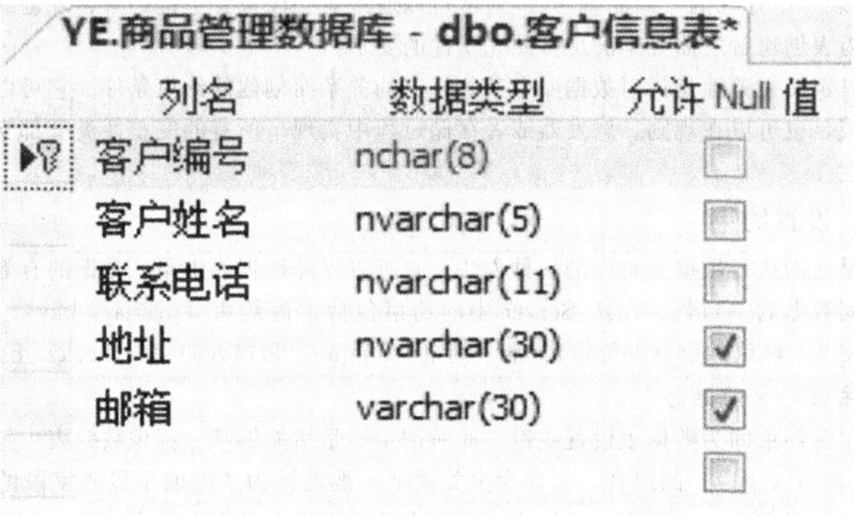

YE.商品管理数据库 - dbo.客户信息表*

列名	数据类型	允许 Null 值
客户编号	nchar(8)	☐
客户姓名	nvarchar(5)	☐
联系电话	nvarchar(11)	☐
地址	nvarchar(30)	☑
邮箱	varchar(30)	☑
		☐

图 5-20 主键设置成功

其他字段，再用上面的方法设置主键。

取消主键的方法与设置主键方法一致。

（2）默认约束的概念

所谓默认是指不输入值则自动赋值。设置默认约束即为该字段指定一个默认值。默认约束维护了数据表的域完整性，是避免产生空值的好方法。设置默认值约束也可以使用"管理器"和 T-SQL 语言两种方式。

【例 5-7】　在"商品管理数据库"中，为"客户信息表"的"地址"字段设置默认约束。

图 5-21 列属性

为数据表设置默认约束属于修改数据表结构操作。使用"管理器"为"客户信息表"的"地址"字段设置默认约束的方法如下。

① 在"对象资源管理器"中依次展开"数据库""商品管理数据库""表"节点，右键单击"客户信息表"，选择"设计（G）"命令，打开"表设计器"窗口。

② 在"表设计器"中选择要设置默认值的字段（"地址"）前面的方格，使黑色三角符号显示在这一字段前面。

③ 在"列属性"窗口中找到"常规"节点下的"默认值或绑定"属性，输入"辽宁沈阳"，回车结束输入。结果如图 5-21 所示。

④ 单击工具栏上的"保存"按钮保存设置，单击"关闭"按钮关闭窗口。在"对象资源管理器"中刷新"商品管理数据库"下的"表"节点，展开"客户信息表"节点下的"约束"节点。可以看到一个名为"DF_客户信息表_地址"（系统提供，可更改）的默认约束已存在。结果如图 5-22 所示。

图 5-22 查看约束

可以通过向数据表添加记录来验证"默认约束"是否设置成功。

（3）唯一约束的概念

所谓唯一是指值不重复。唯一约束通常被设置在那些不是主键但又要求不能有重复值的字段上。被设置唯一约束的字段不能输入重复值，可以输入空值，但空值最多只能出现一次。一张数据表允许设置多个唯一约束。

【例 5-8】 在"商品管理数据库"中，为"客户信息表"的"联系电话"字段设置唯一约束，使其不能输入重复值。

为数据表设置唯一约束属于修改数据表结构操作。使用"管理器"为"客户信息表"的"联系电话"字段设置唯一约束的方法如下。

① 在"对象资源管理器"中依次展开"数据库""商品管理数据库""表"节点，右键单击"客户信息表"，选择"设计（G）"命令，打开"表设计器"窗口。

② 选中"联系电话"字段，右键单击，在弹出的菜单中选择"索引/键"命令，弹出"索引/键"窗口，如图 5-23 所示。已创建的索引或键被显示在左侧窗口中，右侧窗口显示的是正在编辑的键或约束的属性。

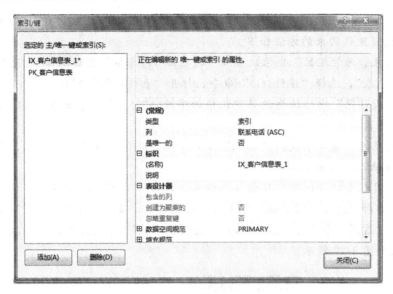

图 5-23 "索引/键"窗口

③ 点击"添加（A）"按钮，左侧窗口中出现"IX_客户信息表-1*"，其中"*"表示当前正在编辑的项目，保存后便会消失。

④ 在右侧窗口中选中"常规"节点下的"列"属性，该属性右侧出现"添加"按钮，单击该按钮，弹出"索引列"窗口，如图 5-24 所示。在"列名"选项中选择"联系电话"字段，"排序顺序"选择"升序"（字符型数据按字母顺序排序），单击"确定"按钮回到"索引/键"窗口。

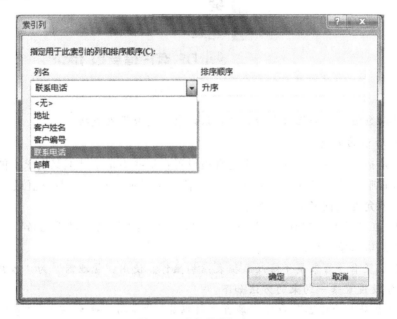

图 5-24 "索引列"窗口

⑤ 在"索引/键"窗口中将"常规"节点下的"是唯一的"属性设置为"是"。"标识"节点下的"（名称）"属性可以修改约束名称。点击"关闭（C）"按钮回到"表设计器"窗口，点击"保存"按钮完成设置，关闭"表设计器"。

⑥ 在"对象资源管理器"中刷新"商品管理数据库"下的"表"节点，展开"客户信息表"节点下的"索引"节点，可以看到一个名为"IX _ 客户信息表"的唯一约束（索引）创建成功。

可以通过向表中添加记录来检验"联系电话"字段是否允许输入重复值。

（4）外键约束的概念

外键约束用来维护数据表的参照完整性。首先外键必须是两张表的公共字段，其次一个数据表中的某个字段如果是另外一张数据表的主键，那么这个字段被称为外键。设置外键约束即设置该字段为外键。设置一个字段为外键的前提是必须在另一张表中设置该字段为主键。出现在外键字段中的值必须已经存在于主键字段中。主键所在的表成为"主键表"（主表），外键所在的表成为"外键表"（从表）。

【例 5-9】 在"商品管理数据库"中，为"商品信息表"的"商品类型编号"字段设置外键，从而使它与"商品类型表"中的"商品类型编号"字段建立关联。

要完成本案例的前提是创建"商品类型表"，该表包括商品编号、商品类型编号、商品名称、单价和库存数量字段。其中"商品类型编号"字段的数据类型必须与"商品信息表"中的"商品类型编号"字段一致。在本例题的表与表关系中，公共字段是"商品类型编号"，该字段在"商品类型表"中被设置为主键，在"商品信息表"中被设置为外键。

为数据表设置外键约束属于修改数据表结构操作。使用"管理器"为"商品信息表"的"商品类型编号"字段设置外键约束的方法如下。

① 将"商品类型表"中的"商品类型编号"字段设置为主键。

② 在"对象资源管理器"中依次展开"数据库""商品管理数据库""表"节点，右键单击"商品信息表"，选择"设计（G）"命令，打开"表设计器"窗口。

③ 选中"商品类型编号"字段，右键单击，在弹出的菜单中选择"关系"命令，弹出"外键关系"窗口，已创建的外键约束显示在左侧窗口中，右侧窗口显示的是正在编辑的关系属性。单击"添加"按钮，创建一个名为"FK _ 商品信息表 _ 商品信息表"（该名称在设置完关系属性后将被自动更改）的检查约束，如图 5-25 所示。

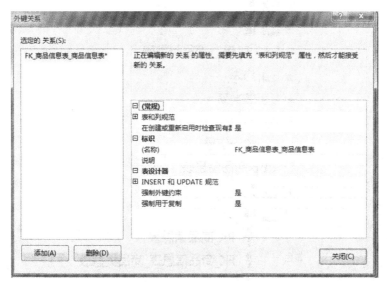

图 5-25 "外键关系"窗口

④ 选中右侧窗口中的"表和列规范"属性，该属性右侧出现"设计表"按钮，单击该按钮，弹出"表和列"窗口，可以在"关系名"中修改约束名称。

⑤ 在"主键表（P）"中选择"商品类型表"，字段选择"商品类型编号"；在"外键表"中选择"商品信息表"，字段选择"商品类型编号"，如图 5-26 所示。

图 5-26 "表和列"窗口

⑥ 单击"确定"按钮返回"外键关系"窗口，点击"关闭（C）"按钮回到"表设计器"窗口，点击"保存"按钮弹出"保存"窗口，提示"商品类型表"和"商品信息表"已建立联系，询问是否继续，点击"是"按钮完成设置，关闭"表设计器"。

⑦ 在"对象资源管理器"中刷新"商品管理数据库"下的"表"节点，展开"商品信息表"节点下的"键"节点，可以看到一个名为"FK＿商品信息表＿商品类型表"（与新建

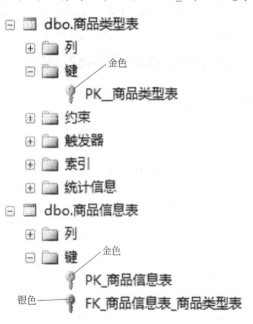

图 5-27 外键约束成功

时的名字已不同）的外键约束创建成功。在图 5-27 中金色钥匙符号代表主键，银色钥匙符号代表外键。

5.2.4 表数据的操作

5.2.4.1 查询数据

所有为了满足用户要求而创建的复杂查询，都离不开使用 select 语句查询的基本结构。本节只介绍单表的基本查询和条件查询。

查询操作 select 语句的常用基本格式如下：

select　＊|字段名 1[,字段名 2…]

from 数据表名

[where 条件表达式]

【说明】 select 后面跟随"＊"或者数据表中被查询的字段名。其中"＊"表示查询表中全部字段；允许查询多个字段，字段名间用逗号隔开，最后一个字段后面不加逗号。

from 后面跟随被查询的数据表名。加一个表名时表示查询单表，也可以加多张数据表名，表名之间用逗号隔开，最后一个表名后面不加逗号，表示查询多表。多表查询时需要用where 语句给出多张表的连接条件。

where 是可选项，用来筛选满足条件的记录信息。后面跟随条件表达式，多个条件表达式之间使用逻辑运算符连接。查询全部记录时不需要加 where 语句。

【例 5-10】 查询"商品管理数据库"中"商品信息表"的所有数据信息。

【解】 ① 本题查询全部数据信息即指全部字段和全部记录。全部字段可以使用"＊"表示，全部记录不需要加 where 语句。

② 在"管理器"中新建一个查询窗口，输入代码如下。

```
use 商品管理数据库
go
select *
from 商品信息表
go
```

【说明】 use 语句表示使用或打开一个准备查询的数据库，后面加数据库名。为了避免查询错误，建议对数据表操作前加上该语句。

go 语句是一个批处理语句，在项目六中介绍。在本例题中作为两段可执行程序代码的分割，可以省略。

点击"分析"按钮，结果无语法错误后点击"执行"按钮，得到查询结果，显示"商品信息表"中所有信息，如图 5-28 所示，因窗口大小有限，图中查询结果没有显示完全，可以通过拖动滚动条显示全部信息。后面案例中若有此情况将不作说明。

5.2.4.2 添加数据

向数据表中添加记录使用 insert 语句，语法格式如下：

insert　[into]　数据表名[(字段名 1,字段名 2,字段名 3…)]

values(值 1,值 2,值 3…)

图 5-28　查询结果

【说明】　into 是可选项，不影响命令含义。

当"数据表名"后面不加字段名时，values 语句后面值的顺序需要与数据表中字段的顺序一一对应，其中自增字段和带公式的字段不需要赋值。

可以在"数据表名"后面加被赋值的字段（顺序任意），同时在 values 语句后面按顺序给出相应值即可。

切记对不允许为空的字段必须赋值。

【例 5-11】　向"客户信息表"中添加一条记录（客户编号：20139999，客户姓名：张三，联系电话：13700000000）。

【解】

在"管理器"中新建一个查询窗口，输入代码如下。

```
use 商品管理数据库
go
insert 客户信息表(客户编号,客户姓名,联系电话)
values('20139999','张三','13700000000')
```

【说明】　"客户信息表"中一共有五个字段，因为"地址"字段和"邮箱"字段允许输入空值，因此代码中仅为三个字段赋了值。

给定字段名的顺序不一定与原表中顺序一致，但赋值的顺序必须与给定字段名的顺序一致。

点击"分析"按钮，结果无语法错误后点击"执行"按钮，得到"1 行受影响"的消息提示，表示添加记录操作成功，如图 5-29 所示。

在查询窗口中使用 select 查询语句查看"客户信息表"中全部记录，"客户编号"为"20139999"的记录已经添加到数据表中，如图 5-30 所示。

【说明】　向表中添加记录的代码中虽然没有为"地址"字段赋值，但因为在设计数据表

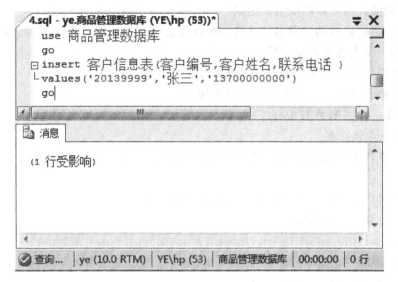

图 5-29 "分析"按钮运行效果

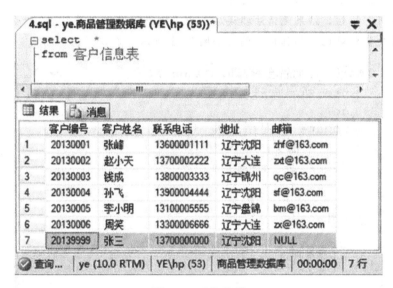

图 5-30 查询结果

结构时，"地址"字段已被设置了默认值约束（辽宁沈阳），因此结果中该字段被自动添加值"辽宁沈阳"。

"邮箱"字段由于没有被赋值，也没有设置默认值约束，因此显示为空（NULL）。

5.2.4.3 修改数据

修改数据表中记录使用 update 语句，语法格式如下：

```
update   数据表名
set    字段名=新值[,…]
[from 数据表列表]
[where 条件表达式]
```

【说明】"数据表名"指被修改的数据表。

set 表示赋值,后面跟随赋值表达式。

"字段名"指被修改的字段名。允许一次修改表中多个字段的值,赋值表达式之间用逗号隔开,最后一个表达式不加逗号。

如果修改操作涉及多张数据表,则需要 from 语句。

如果修改涉及条件,使用 where 语句实现。

【例 5-12】 将"客户信息表"中客户编号为 20139999 的客户邮箱地址改为 zs@163.com,并查看数据表。

【解】 在修改操作之前查看"客户信息表",客户编号为 20139999 的客户邮箱地址为空。

在"管理器"中新建一个查询窗口,输入代码如下。

```
use 商品管理数据库
go
update 客户信息表
    set 邮箱='zs@163.com'
        where 客户编号='20139999'
```

点击"分析"按钮,结果无语法错误后点击"执行"按钮,得到"1 行受影响"的提示信息,表明修改操作对记录起作用,结果如图 5-31 所示。

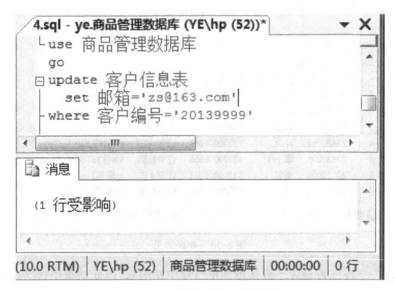

图 5-31 "分析"按钮运行效果

在查询窗口中继续使用 select 语句查看"客户信息表"中的记录,客户编号为 20139999 的客户邮箱地址已修改。如图 5-32 所示。

5.2.4.4 删除数据

删除数据表中记录使用 delete 语句,语法格式如下:

delete 数据表名

[from 数据表列表]

    [where 条件表达式]

【说明】 "数据表名"指被删除数据所在的数据表名。

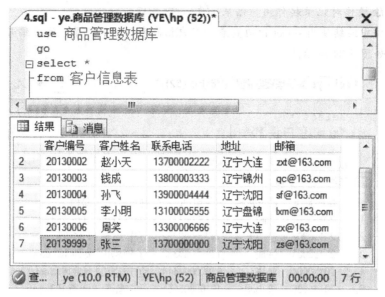

图 5-32 查询结果

如果修改操作涉及多张数据表，则需要 from 语句。

如果修改涉及条件，使用 where 语句实现。

【例 5-13】 将"客户信息表"中客户编号为 20139999 的客户信息删除，并查看数据表。

【解】 在删除操作之前查看"客户信息表"，查看客户编号为 20139999 的记录是否存在。

在"管理器"中新建一个查询窗口，输入代码如下。

```
use 商品管理数据库
go
delete 客户信息表
    where 客户编号='20139999'
```

点击"分析"按钮，结果无语法错误后点击"执行"按钮，得到"1 行受影响"的提示

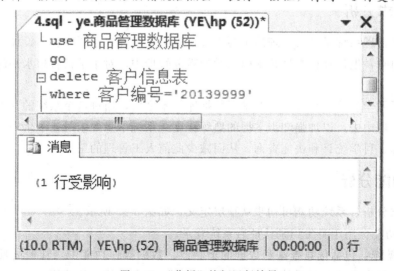

图 5-33 "分析"按钮运行效果

信息，表明删除操作对记录起作用，结果如图 5-33 所示。

在查询窗口中继续使用 select 语句查看"客户信息表"中的记录，客户编号为 20139999 的客户已删除。如图 5-34 所示。

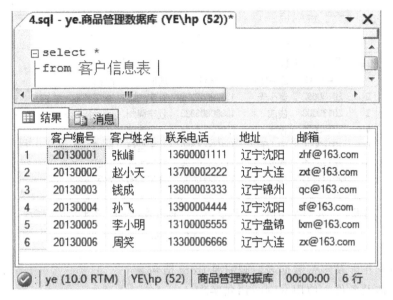

图 5-34　查询结果

【说明】　与 drop 命令不同，delete 命令只删除数据表中的记录信息，即使表中记录都被删除，但数据表还存在（空表），而 drop 命令将删除整个数据表，包括表结构和表中记录信息。

5.3　任务实施

5.3.1　需求分析

学生信息管理系统是学校管理的重要工具，以学生管理为主要内容，设计信息管理的数据库系统。同时，把计算机管理技术引入学校教务管理中，对于学校管理水平的提升也有着重要意义。

本项目所做学生管理系统，是在学了数据库技术之后，通过这个系统的开发把所学知识应用到实际项目中去，以加强知识掌握的熟练程度。系统本身要求是让学生和管理员做到信息的规范处理、科学统计和快速查询，从而减少此前人工管理的工作量。

5.3.2　功能分析

根据需求分析，系统功能可初步从顶层定义，如图 5-35 所示。

① 登录功能：用于身份识别认证后系统登录。

② 数据操作：包括信息查询和数据的增删改。数据操作功能中，管理员具备所有的操作权限；学生具有选课和查看的功能以及可以修改自己个人信息的功能。

图 5-35　系统顶层概念图

5.3.3　数据库设计

通过系统的功能分析，可绘制出基本的 E-R 图，如图 5-36 所示。

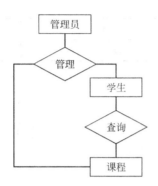

图 5-36　系统 E-R 图

由此，可设计各相关数据表如表 5-4～表 5-7 所示。

表 5-4　管理员表（Admin）

字段名称	数据类型	说明
AdminID	int	管理员 ID,主键,自增 1
AdminName	nvarchar(50)	管理员登录名称
AdminPassword	nvarchar(50)	管理员登录密码

表 5-5　课程表（Course）

字段名称	数据类型	说明
CourseID	int	课程 ID,主键,自增 1
CourseName	nvarchar(50)	课程名称
Credit	smallint	课程学分
Semester	smallint	课程所在学期

表 5-6　学生表（Student）

字段名称	数据类型	说明
StuID	int	学生 ID,主键,自增 1
StuNum	int	学号
StuPassword	nvarchar(50)	学生登录密码
StuName	nvarchar(50)	学生姓名

续表

字段名称	数据类型	说明
StudentSex	nvarchar(10)	学生性别
StudentAge	smallint	学生年龄
StudentDept	nvarchar(20)	学生系别

表 5-7　学生选课表（Student _ Course）

字段名称	数据类型	说明
SCID	int	选课 ID，主键，自增 1
StuNum	int	学号，外键
CourseID	int	课程 ID，外键
Grade	smallint	该生科目等级

5.3.4　创建数据操作类

在数据操作类中，主要包含了数据操作的方法和对象，通过程序操作数据库，属于数据操作的公共部分。主要代码参考如下。

```
namespace sql_DataOper
{
    class sqlhelper
    {
        private static string connStr=
ConfigurationManager. ConnectionStrings["sql_homework_end. Properties. Settings.
sql_homework_endConnectionString"]. ConnectionString;
        /// 〈summary〉
        /// 返回受影响的数据行数
        /// 〈/summary〉
        public static int ExecuteNonQuery(string sql)
        {
            using (SqlConnection conn=new SqlConnection(connStr))
            {
                conn. Open();
                using (SqlCommand cmd=conn. CreateCommand())
                {
                    cmd. CommandText=sql;
                    return cmd. ExecuteNonQuery();
                }
            }
        }
        /// 〈summary〉
```

```
/// 返回一个数据集
/// 〈/summary〉
public static DataSet ExecuteDataSet(string sql)
{
    using (SqlConnection xonn=new SqlConnection(xonnStr))
    {
        xonn.Open();
        using (SqlCommand cmd=xonn.CreateCommand())
        {
            cmd.CommandText=sql;
            SqlDataAdapter adapter=new SqlDataAdapter(cmd);
            DataSet dataset=new DataSet();
            adapter.Fill(dataset);
            return dataset;
        }
    }
}
public static object ExecuteScalar(string sql)
{
    using (SqlConnection conn=new SqlConnection(connStr))
    {
        conn.Open();
        using (SqlCommand cmd=conn.CreateCommand())
        {
            cmd.CommandText=sql;
            return cmd.ExecuteScalar();
        }
    }
}
public static string GetMD5(string strPwd)
{
    string pwd="";
    //实例化一个md5对象
    MD5 md5=MD5.Create();
    // 加密后是一个字节类型的数组
    byte[] s=md5.ComputeHash(Encoding.UTF8.GetBytes(strPwd));
    //翻转生成的 MD5 码
    s.Reverse();
    //通过使用循环,将字节类型的数组转换为字符串,此字符串是常规字符
```
格式化所得

```
          //只取 MD5 码的一部分,这样恶意访问者无法知道取的是哪几位
          for (int i= 3; i < s.Length-1; i+ + )
          {
                    //将得到的字符串使用十六进制类型格式。格式后的字符是小写的
字母,如果使用大写(X),则格式后的字符是大写字符
                    //进一步对生成的 MD5 码做一些改造
                    pwd= pwd+ (s[i] < 198 ? s[i]+ 28 : s[i]).ToString("X");
          }
          return pwd;
     }
   }
 }
```

5.3.5　创建管理员功能代码

根据管理员的功能设定,按对应要求实现,主要包括对数据的增删改,这也构成了代码的主体部分。使用了.NET 中的 DataGridView 实现了其中的大部分功能。主要代码参考如下。

```
namespace sql_ DataOper
{
    public partial class main : Form
    {
        public main()
        {
            InitializeComponent();
        }
        //绑定并显示相关信息
        DataSet ds= new DataSet();
        DataTable dt= new DataTable();
        private void ToolStripMenuItem_Click(object sender,EventArgs e)
        {
            ds= sqlhelper. ExecuteDataSet("select * from tb_student");
            dt= ds. Tables[0];
            dataGridView1. DataSource= dt;
        }
        private void ToolStripMenuItem_Click(object sender,EventArgs e)
        {
            ds= sqlhelper. ExecuteDataSet("select * from tb_course");
            dt= ds. Tables[0];
            dataGridView1. DataSource= dt;
        }
```

```csharp
private void ToolStripMenuItem_Click(object sender,EventArgs e)
{
    ds=sqlhelper.ExecuteDataSet("select * from tb_student_course");
    dt=ds.Tables[0];
    dataGridView1.DataSource=dt;
    dataGridView1.Columns["sc_id"].DisplayIndex=0;
}
private void ToolStripMenuItem_Click(object sender,EventArgs e)
{
    ds=sqlhelper.ExecuteDataSet("select * from tb_admin");
    dt=ds.Tables[0];
    dataGridView1.DataSource=dt;
}
//添加按钮事件
private void btn_insert_Click(object sender,EventArgs e)
{
    if (dataGridView1.Columns[0].HeaderText=="student_num")
    {
        string sql=@ "insert tb_student
(student_num,student_name,student_password,student_sex
              ,student_age,student_dept)values('" +
dataGridView1.Rows[dataGridView1.RowCount-2].Cells[0].Value+"','" +
              dataGridView1.Rows[dataGridView1.RowCount-2].Cells
[1].Value+ "','"+ dataGridView1.Rows[dataGridView1.RowCount-2].Cells[2].Value
              +"','"+dataGridView1.Rows[dataGridView1.RowCount-2].
Cells[3].Value+"','"+dataGridView1.Rows[dataGridView1.RowCount-2].Cells[4].Value
              +"','"+ dataGridView1.Rows[dataGridView1.RowCount-
2].Cells[5].Value+ "')";
        sqlhelper.ExecuteNonQuery(sql);
    }
    else if (dataGridView1.Columns[0].HeaderText=="course_num")
    {
        string sql=@ "insert tb_course
(course_num,course_name,course_credit,course_semester)values('" +
dataGridView1.Rows[dataGridView1.RowCount-2].Cells[0].Value+"','" +
dataGridView1.Rows[dataGridView1.RowCount-2].Cells[1].Value+"','" +
dataGridView1.Rows[dataGridView1.RowCount-2].Cells[2].Value+"','" +
dataGridView1.Rows[dataGridView1.RowCount-2].Cells[3].Value+"')";
        sqlhelper.ExecuteNonQuery(sql);
    }
```

```
            else if (dataGridView1.Columns[0].HeaderText=="sc_id")
            {
                try
                {
                    string sql=@ "insert tb_student_course
(sc_id,student_num,course_num,grade)values('" +
dataGridView1.Rows[dataGridView1.RowCount-2].Cells[0].Value+ "','" +
dataGridView1.Rows[dataGridView1.RowCount-2].Cells[1].Value+ "','" +
dataGridView1.Rows[dataGridView1.RowCount-2].Cells[2].Value+ "','" +
dataGridView1.Rows[dataGridView1.RowCount-2].Cells[3].Value+ "')";
                    sqlhelper.ExecuteNonQuery(sql);
                }
                catch (Exception)
                {
                    MessageBox.Show("学号或姓名不存在,请重新添加。");
                }
            }
            else if (dataGridView1.Columns[0].HeaderText=="admin_id")
            {
                string sql=@ "insert tb_admin
(admin_id,admin_name,admin_password,remark)values('" +
dataGridView1.Rows[dataGridView1.RowCount-2].Cells[0].Value+ "','" +
dataGridView1.Rows[dataGridView1.RowCount-2].Cells[1].Value+ "','" +
dataGridView1.Rows[dataGridView1.RowCount-2].Cells[2].Value+ "','" +
dataGridView1.Rows[dataGridView1.RowCount-2].Cells[3].Value+ "')";
                sqlhelper.ExecuteNonQuery(sql);
            }
            MessageBox.Show("添加成功");
        }
        //更新按钮事件
        private void btn_update_Click(object sender,EventArgs e)
        {
            if (dataGridView1.Columns[0].HeaderText=="student_num")
            {
                update("tb_student","student_num");
            }
            else if (dataGridView1.Columns[0].HeaderText=="course_num")
            {
                update("tb_course","course_num");
            }
```

```
            else if (dataGridView1. Columns[0]. HeaderText=="admin_id")
            {
                update("tb_admin","admin_id");
            }
            else if (dataGridView1. Columns[0]. HeaderText=="sc_id")
            {
                try
                {
                    update("tb_studnet_course","sc_id");
                }
                catch (Exception)
                {
                    MessageBox. Show("学号或课程号不存在,请重新输入");
                    throw;
                }
            }
        }
        //更新方法
        private void update(string table,string head_id)
        {
            for (int i=0; i <  dataGridView1. RowCount; i++ )
            {
                int id=Convert. ToInt32(dataGridView1. Rows[i]. Cells[0]. Value);
                for (int j=1; j <  dataGridView1. ColumnCount; j++ )
                {
                    if (dataGridView1. Columns[j]. Visible==true)
                    {
                        string columnName=dataGridView1. Columns[j].
Name. ToString();
                        string sql="update"+table+" set"+columnName+"='"+
dataGridView1. Rows[i]. Cells[j]. Value+ "' where "+ head_id+ "='"+ id+ "'";
                        sqlhelper. ExecuteNonQuery(sql);
                    }
                }
            }
            MessageBox. Show("更新成功");
        }
        //删除事件
        private void btn_delete_Click(object sender,EventArgs e)
        {
```

```
            if (dataGridView1.Columns[0].HeaderText=="student_num")
            {
                string sql="delete from tb_student where student_num='"+
dataGridView1.SelectedCells[0].Value+ "'";
                sqlhelper.ExecuteNonQuery(sql);
            }
            else if (dataGridView1.Columns[0].HeaderText=="course_num")
            {
                string sql="delete from tb_course where course_num='" +
dataGridView1.SelectedCells[0].Value+ "'";
                sqlhelper.ExecuteNonQuery(sql);
            }
            else if (dataGridView1.Columns[0].HeaderText=="sc_id")
            {
                string sql="delete from tb_student_course where sc_id='"+
dataGridView1.SelectedCells[0].Value+ "'";
                sqlhelper.ExecuteNonQuery(sql);
            }
            else if (dataGridView1.Columns[0].HeaderText=="admin_id")
            {
                string sql="delete from tb_admin where admin_id='" +
dataGridView1.SelectedCells[0].Value+ "'";
                sqlhelper.ExecuteNonQuery(sql);
            }
            MessageBox.Show("删除成功");
        }
        //界面载入显示身份和登录时间
        private void main_Load(object sender,EventArgs e)
        {
            lbl_username.Text= "Welcome,"+login.GlobelValue+"";
            lbl_logintime.Text="登录时间:" + DateTime.Now.ToString()+"";
        }
    }
}
```

5.3.6 创建学生功能代码

根据学生的功能设定,按对应要求实现,主要包括登录和查询。主要代码参考如下。

```
namespace sql_DataOper
{
    public partial class studnet : Form
```

```
    {
        public studnet()
        {
            InitializeComponent();
        }
        DataSet ds=new DataSet();
        DataTable dt=new DataTable();
        private void studnet_Load(object sender,EventArgs e)
        {
            lbl_username.Text="Welcome,"+login.GlobelValue+"";
            lbl_logintime.Text="登录时间:"+DateTime.Now.ToString()+"";
        }
        //相关信息显示
        private void ToolStripMenuItem_Click(object sender,EventArgs e)
        {
            ds=sqlhelper.ExecuteDataSet("select* from tb_student where
student_name='"+login.GlobelValue+"'");
            dt=ds.Tables[0];
            dataGridView1.DataSource=dt;
            btn_update.Visible=true;
            btn_insert.Visible=false;
            btn_delete.Visible=false;
        }
        private void ToolStripMenuItem_Click(object sender,EventArgs e)
        {
            ds=sqlhelper.ExecuteDataSet("select * from tb_course");
            dt=ds.Tables[0];
            dataGridView1.DataSource=dt;
            btn_update.Visible=false;
            btn_insert.Visible=false;
            btn_delete.Visible=false;
        }
        private void ToolStripMenuItem_Click(object sender,EventArgs e)
        {
            ds=sqlhelper.ExecuteDataSet(@ "select
sc.sc_id,s.student_num,c.course_num,c.course_name,grade
from tb_student_course sc join tb_student s on sc.student_num=s.student_num
join tb_course c on sc.course_num=c.course_num
where s.student_name='"+login.GlobelValue+"'");
            dt=ds.Tables[0];
```

```
                dataGridView1.DataSource=dt;
                dataGridView1.Columns["sc_id"].DisplayIndex=0;
                btn_update.Visible=false;
                btn_insert.Visible=true;
                btn_delete.Visible=true;
        }
        //学生选课功能
        private void btn_insert_Click_1(object sender,EventArgs e)
        {
                if(Convert.ToInt32(dataGridView1.Rows[dataGridView1.
RowCount-2].Cells[4].Value)>0)
                {
                    MessageBox.Show("目前没有成绩信息");
                }
                else
                {
                    string sql=@"insert tb_student_course(sc_id,student_num,
course_num)values('"+dataGridView1.Rows[dataGridView1.RowCount-2].Cells[0]
.Value+"','"+dataGridView1.Rows[dataGridView1.RowCount-2].Cells[1].Value+"','"+
dataGridView1.Rows[dataGridView1.RowCount-2].Cells[2].Value+"')";
                        sqlhelper.ExecuteNonQuery(sql);
                        MessageBox.Show("选课成功");
                }
        }
        //删除选的课程
        private void btn_delete_Click(object sender,EventArgs e)
        {
            string sql="delete from tb_student_course where sc_id='"+
dataGridView1.SelectedCells[0].Value+"'";
                sqlhelper.ExecuteNonQuery(sql);
                MessageBox.Show("删除成功,请重新选课。");
        }
        //更新个人信息
        private void btn_update_Click(object sender,EventArgs e)
        {
            update("tb_student","student_num");
        }
        private void update(string table,string head_id)
        {
            for (int i=0; i<  dataGridView1.RowCount; i++)
```

```
            {
                int id=Convert.ToInt32(dataGridView1.Rows[i].Cells[0].Value);
                for (int j=1; j < dataGridView1.ColumnCount; j++)
                {
                    if (dataGridView1.Columns[j].Visible==true)
                    {
                        string columnName=dataGridView1.Columns[j].
Name.ToString();
                        string sql="update"+table+"set "+columnName+"='"+
dataGridView1.Rows[i].Cells[j].Value+"' where "+head_id+"='"+id+"'";
                        sqlhelper.ExecuteNonQuery(sql);
                    }
                }
            }
            MessageBox.Show("更新成功");
        }
    }
}
```

5.4 巩固与提高

　　数据库的应用使一个系统具备了真正意义的实用价值，可以使用户通过程序界面进行简单的操作，比如仅仅是点击按钮即可完成以往的大量重复人工操作。这背后就是通过对实际工作的认真梳理，总结其中必需的数据项，对其进行定义，形成相互独立又彼此关联的数据表，之后，通过代码按流程或对象逐步完成数据库操作功能。最后封装在界面中就形成了一个相对完善的信息系统。

　　这里，数据库的设计和构建无疑是系统开发的基础和关键，所以，通过本项目的练习加深对数据库的认识。

记一记：

5.5 课后习题

（1）创建存储过程的用处主要是（　　）。

A. 提高数据操作效率　　　　　　　B. 维护数据的一致性

C. 实现复杂的业务规则　　　　　　D. 增强引用完整性

（2）下列关于存储过程的说法中，正确的是（　　）。

A. 在定义存储过程的代码中可以包含数据的增、删、改、查语句

B. 用户可以向存储过程传递参数，但不能输出存储过程产生的结果

C. 存储过程的执行是在客户端完成的

D. 存储过程是存储在客户端的可执行代码段

（3）假设要定义一个包含两个输入参数和两个输出参数的存储过程，各参数均为整型。下列定义该存储过程的语句中，正确的是（　　）。

A. CREATE PROC P1 @x1，@x2 int. @x3. @x4int output

B. CREATE PROC P1 @x1 int. @x2 int. @x2. @x4int output

C. CREATE PROC P1 @x1 int，@x2 int，@x3 int. @x4 inta output

D. CREATE PROC P1 @x1 int. @x2 int. @x3 int output. @x4 int output

（4）设有存储过程定义语句：CREATE PROC P1@x int，@y int output，@z int output。下列调用该存储过程的语句中，正确的是（　　）。

A. EXEC P1 10. @a int output. @b int output

B. EXEC P1 10. @a int. @b int output

C. EXEC P1 10. @a output. @b output

D. EXEC P1 10. @a. @b output

（5）定义触发器的主要作用是（　　）。

A. 提高数据的查询效率　　　　　　B. 增强数据的安全性

C. 加强数据的保密性　　　　　　　D. 实现复杂的约束

（6）设在 sc（Sno，Cno，Grade）表上定义了如下触发器：CREATE TRIGGER tri1 ON SC INSTEAD OF INSERT... 当执行语句：INSERT INTO SC VALUES（'s001'，'c01'，90）会引发该触发器执行。下列关于触发器执行时表中数据的说法中，正确的是（　　）。

A. sc 表和 INERTED 表中均包含新插入的数据

B. sc 表和 INERTED 表中均不包含新插入的数据

C. sc 表中包含新插入的数据，INERTED 表中不包含新插入的数据

D. sc 表中不包含新插入的数据，INERTED 表中包含新插入的数据

（7）当执行由 UPDATE 语句引发的触发器时，下列关于该触发器临时工作表的说法中，正确的是（　　）。

A. 系统会自动产生 UPDATED 表来存放更改前的数据

B. 系统会自动产生 UPDATED 表来存放更改后的数据

C. 系统会自动产生 INSERTED 表和 DELETED 表，用 INSERTED 表存放更改后的数

据，用 DELETED 表存放更改前的数据

D. 系统会自动产生 INSERTED 表和 DELETED 表，用 INSERTED 表存放更改前的数据，用 DELETED 表存放更改后的数据

（8）下列关于游标的说法中，错误的是（　　）。

A. 游标允许用户定位到结果集中的某行

B. 游标允许用户读取结果集中当前行位置的数据

C. 游标允许用户修改结果集中当前行位置的数据

D. 游标中有个当前行指针，该指针只能在结果集中单向移动

（9）SQL Server 数据库是由文件组成的。下列关于数据库所包含的文件的说法中，正确的是（　　）。

A. 一个数据库可包含多个主要数据文件和多个日志文件

B. 一个数据库只能包含一个主要数据文件和一个日志文件

C. 一个数据库可包含多个次要数据文件，但只能包含一个日志文件

D. 一个数据库可包含多个次要数据文件和多个日志文件

（10）在 SQL Sever 中创建用户数据库，其主要数据文件的大小必须大于（　　）。

A. master 数据库的大小　　　　　　B. model 数据库的大小

C. msdb 数据库的大小　　　　　　 D. 3MB

（11）在 SQL Server 系统数据库中，存放用户数据库公共信息的是（　　）。

A. master　　　　　　　　　　　　B. model

C. msdb　　　　　　　　　　　　　D. tempdb

（12）在 SQL Sever 中创建用户数据库，实际就是定义数据库所包含的文件以及文件的属性。下列不属于数据库文件属性的是（　　）。

A. 初始大小　　　　　　　　　　　B. 物理文件名

C. 文件结构　　　　　　　　　　　D. 大小

（13）下列不属于创建分区表步骤的是（　　）。

A. 创建分区依据列　　　　　　　　B. 创建分区函数

C. 创建分区方案　　　　　　　　　D. 使用分区方案创建表

项目六
C# Socket 网络编程

【项目背景】 网络编程的目的就是直接或间接地通过网络协议与其他计算机进行通信。网络编程中有两个主要的问题，一个是如何准确地定位网络上一台或多台主机，另一个就是找到主机后如何可靠高效地进行数据传输。在 TCP/IP 协议中 IP 层主要负责网络主机的定位、数据传输的路由，由 IP 地址可以唯一地确定 Internet 上的一台主机。而 TCP 层则提供面向应用的、可靠的或非可靠的数据传输机制，这是网络编程的主要对象，一般不需要关心 IP 层是如何处理数据的。

目前较为流行的网络编程模型是客户机/服务器（C/S）结构。即通信双方一方作为服务器等待客户提出请求并予以响应。客户则在需要服务时向服务器提出申请。服务器一般作为守护进程始终运行，监听网络端口，一旦有客户请求，就会启动一个服务进程来响应该客户，同时自己继续监听服务端口，使后来的客户也能及时得到服务。

6.1 任务目标

6.1.1 控制台网络通信程序开发

开发控制台网络通信应用程序，完成 server 服务器与客户端 client 之间的信息通信。

客户端发送数据，如服务器成功接收，则返回发送成功的反馈信息 "hello client，send message successful"，如图 6-1 所示。

服务器显示从客户端发送过来的信息。如图 6-2 所示。

6.1.2 WinForm 网络聊天软件开发

开发 WinForm 应用程序，通过设置 IP 地址及端口，实现网络聊天功能。界面设计如图 6-3、图 6-4 所示。

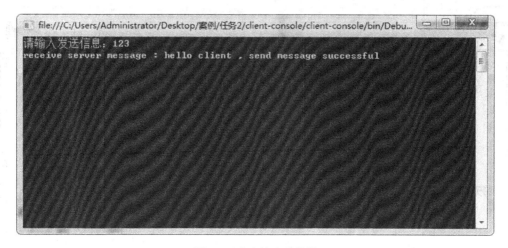

图 6-1 客户端发送数据

图 6-2 服务器接收数据

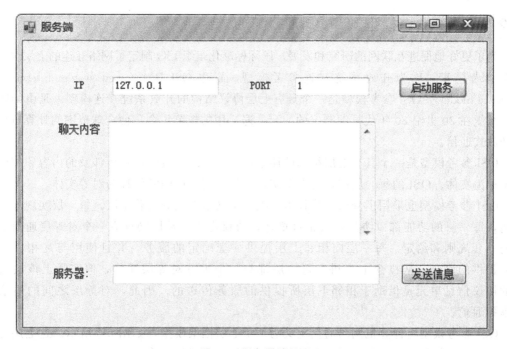

图 6-3 服务器端界面

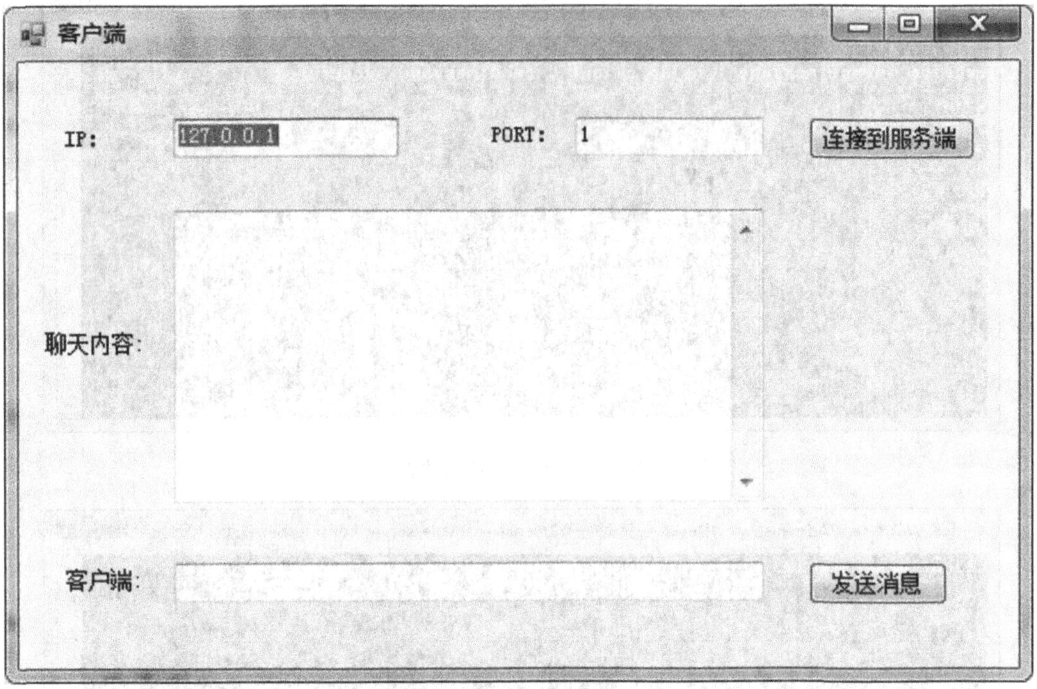

图 6-4　客户端界面

6.2　技术准备

6.2.1　OSI 参考模型

为了更好地促进互联网的研究和发展，国际标准化组织 ISO 制定了网络互连的七层框架的一个参考模型，称为开放系统互连参考模型，简称 OSI/RM（open system internetwork reference model）。OSI 参考模型是一个具有七层协议结构的开放系统互连模型，是由国际标准化组织在 20 世纪 80 年代早期制定的一套普遍适用的规范集合，使全球范围的计算机可进行开放式通信。

OSI 参考模型是一个具有七层结构的体系模型。发送和接收信息所涉及的内容和相应的设备称为实体。OSI 的每一层都包含多个实体，处于同一层的实体称为对等实体。

OSI 参考模型也采用了分层结构技术，把一个网络系统分成若干层，每一层实现不同的功能，每一层的功能都以协议形式正规描述，协议定义了某层同远方一个对等层通信所使用的一套规则和约定。每一层向相邻上层提供一套确定的服务，并且使用与之相邻的下层所提供的服务。从概念上来讲，每一层都与一个远方对等层通信，但实际上该层所产生的协议信息单元是借助于相邻下层所提供的服务传送的。因此，对等层之间的通信称为虚拟通信。

OSI 参考模型将计算机网络通信定义为一个七层框架模型，如图 6 5 所示。这七层分别是物理层、数据链路层、网络层、传输层、会话层、表示层和应用层。

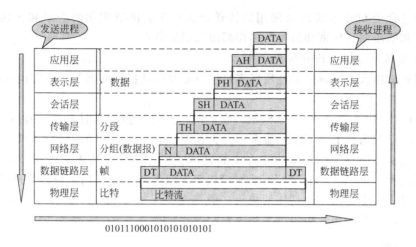

图 6-5　七层框架模型

各层的主要功能及其相应的数据单位如下：

（1）物理层（physical layer）

要传递信息就要利用一些物理媒体，如双绞线、同轴电缆等，但具体的物理媒体并不在 OSI 的七层之内，有人把物理媒体当作第 0 层，物理层的任务就是为它的上一层提供一个物理连接，并规定它们的机械、电气、功能和过程特性，如规定使用电缆和接头的类型、传送信号的电压等。在这一层，数据还没有被组织，仅作为原始的位流或电气电压处理，单位是比特。

（2）数据链路层（data link layer）

数据链路层负责在两个相邻结点间的线路上无差错地传送以帧为单位的数据。每一帧包括一定数量的数据和一些必要的控制信息。和物理层相似，数据链路层负责建立、维持和释放数据链路的连接。在传送数据时，如果接收点检测到所传数据中有差错，就要通知发送方重发这一帧。

（3）网络层（network layer）

在计算机网络中进行通信的两个计算机之间可能会经过很多个数据链路，也可能还要经过很多通信子网。网络层的任务就是选择合适的网间路由和交换结点，以确保数据及时传送。网络层将数据链路层提供的帧组成数据包，包中封装有网络层包头，其中含有逻辑地址信息（源站点和目的站点地址的网络地址）。

（4）传输层（transport layer）

传输层的任务是根据通信子网的特性来最佳地利用网络资源，并以可靠和经济的方式，为两个端系统（也就是源站和目的站）的会话层之间，提供建立、维护和取消传输连接的功能，并负责可靠地传输数据。在这一层，信息的传送单位是报文。

（5）会话层（session layer）

会话层也称为会晤层或对话层。在会话层及以上的高层次中，数据传送的单位不再另外命名，都统称为报文。会话层不参与具体的传输，它提供包括访问验证和会话管理在内的建立和维护应用之间通信的机制。如服务器验证用户登录便是由会话层完成的。

（6）表示层（presentation layer）

表示层主要解决用户信息的语法表示问题。它将交换的数据从适合于某一用户的抽象语法，转换为适合于 OSI 系统内部使用的传送语法，即提供格式化的表示和转换数据服务。数据的压缩和解压缩、加密和解密等工作都由表示层负责。

（7）应用层（application layer）

应用层确定进程之间通信的性质以满足用户需要以及提供网络与用户应用软件之间的接口服务。

当然，OSI 参考模型只是一个框架，它的每一层并不执行某种功能。在这个 OSI 七层模型中，每一层都为其上一层提供服务，并为其上一层提供一个访问接口或界面。不同主机之间的相同层次称为对等层。如主机 A 中的表示层和主机 B 中的表示层互为对等层，主机 A 中的会话层和主机 B 中的会话层互为对等层等。对等层之间互相通信需要遵守通信协议，主要通过软件来实现。每一种具体的协议一般都定义了 OSI 模型中的各个层次具体实现的技术要求，主机正是利用这些协议来接收和发送数据的。

6.2.2 TCP/IP 参考模型

OSI 参考模型的提出是为了解决不同厂商、不同结构的网络产品之间互连时遇到的不兼容性问题。但是该模型的复杂性阻碍了其在计算机网络领域的实际应用。与此相反，由技术人员自己开发的传输控制协议/网际协议（transfer control protocol/internet protocol，TCP/IP）栈模型获得了更为广泛的应用，成为因特网的基础。实际上，TCP/IP 协议也是目前因特网范围内运行的唯一一种协议。

TCP/IP 模型是美国国防部高级研究计划局计算机网（advanced research projects agency network，ARPANET）和其后继因特网使用的参考模型。ARPANET 是由美国国防部（U. S. Department of Defense，DoD）赞助的研究网络。最初，它只连接了美国境内的四所大学。但在随后的几年中，它通过租用的电话线连接了数百所大学和政府部门。最终 ARPANET 发展成为全球规模最大的互联网络——因特网。

TCP/IP 包括两个协议，即传输控制协议和网际协议，但实际上 TCP/IP 是一系列协议的代名词，它包括上百个各种功能的协议，如：地址解析协议（ARP）、Internet 控制消息协议（ICMP）、文件传输协议等，而 TCP 协议和 IP 协议只是保证数据完整传输的两个重要协议。通常讲 TCP/IP，但实际上指的是因特网协议系列，而不仅仅是 TCP 和 IP 两个协议，所以也常称为 TCP/IP 协议族。该协议族分为四个层次：链路层、网络层、传输层和应用层。OSI 模型与 TCP/IP 的对应关系如图 6-6 所示。

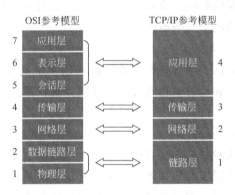

图 6-6 对应关系

具体各层所负责的功能如下。

（1）链路层

链路层是 TCP/IP 协议族的最低层，有时也被称作数据链路层或网络接口层，通常包括操作系统中的设备驱动程序和计算机中对应的网络接口卡，它们一起处理与电缆（或其他任何传输媒体）的物理接口。该层负责接收 IP 报文并通过网络发送到网络传输媒体上，或者从网络上接收物理帧，抽出 IP 报文交给 IP 层。实际上，TCP/IP 模型并没有真正描述这一层的实现，只是要求能够提供给其上层（网络层）一个访问接口，以便在其上传递 IP 分组。由于这一层次未被定义，所以其具体的实现方法也随着网络类型的不同而不同。

（2）网络层

网络层是整个 TCP/IP 协议栈的核心，有时也被称为互联网层或 IP 层。该层的主要功能是把分组发往目标网络或主机。同时，为了尽快发送分组，可能需要沿不同的路径同时进行分组传递。因此，分组到达的顺序和发送的顺序可能不同，这就需要上层对分组进行排序。网络层除了完成上述功能外，还完成将不同类型的网络（异构网）进行互连的功能。除此之外，网络层还需要完成拥塞控制的功能。

在 TCP/IP 协议族中，网络层协议包括 IP 协议、ICMP 协议和 IGMP 协议（因特网组管理协议）。

（3）传输层

传输层主要为两台主机上的应用程序提供端到端的数据通信，它分为两个协议：TCP（传输控制协议）和 UDP（用户数据报协议）。TCP 提供有质量保证的端到端的数据传输。若传输层使用 TCP 协议，则该层负责数据的分组、质量控制和超时重发等，对于应用层来说，就可以忽略这些工作。UDP 则只负责简单地把报文从一端发送到另一端。若传输层使用 UDP 协议，则数据是否到达、是否按时到达、是否损坏都必须由应用层来控制。这两种协议各有用途，前者可用于面向连接的应用，后者则在及时性服务中有着重要的用途，如网络多媒体通信等。

（4）应用层

应用层负责处理实际的应用程序细节，主要包括超文本传输协议（HTTP）、简单网络管理协议（SNMP）、文件传输协议（FTP）、简单邮件传输协议（SMTP）、域名系统（DNS）、远程登录协议（Telnet）等。其中，有些应用层协议是基于 TCP 来实现的，例如 FTP、HTTP 等，有些则是基于 UDP 来实现的，如 SNMP 等。

6.2.3　TCP/IP 基本概念

6.2.3.1　IP 地址

IP 地址是进行 TCP/IP 协议通信的基础，是对连接在因特网中的设备进行唯一性标识的设备编码。与日常生活中寄信时所用的信箱号类似，设备之间能根据 IP 地址来识别。根据 TCP/IP 协议的规定，在 IPv4 中，IP 地址由 32 位二进制数组成，其地址空间是 $0 \sim 2^{32}-1$。为了便于记忆，将这 32 位二进制数分成四段，每段 8 位，中间用小数点隔开，将每 8 位二进制数转换成 1 位十进制数，这样就形成了点分十进制的表示方法。例如：192.168.0.181。一个简单的 IP 地址的格式为：IP 地址＝网络地址＋主机地址，包含了网络地址和主机地址两部分重要的信息。由于 IPv4 定义的有限地址空间将被耗尽，地址空间的不足必将影响因特网的进一步发展。所以在最新出台的 IPv6 中 IP 地址升至 128 位。

IP 地址共分五类：A 类、B 类、C 类、D 类和 E 类。其中 A 类、B 类和 C 类为基本类；D 类用于多播传送；E 类属于保留类，暂未使用。它们的格式如下所示，其中"＊"代表网络号位数。

A 类：0　　　＊＊＊＊＊＊＊　×××××××××　×××××××××　×××××××××

B 类：10　　＊＊＊＊＊＊　＊＊＊＊＊＊＊＊　×××××××××　×××××××××

C 类：110　　＊＊＊＊＊　＊＊＊＊＊＊＊＊　＊＊＊＊＊＊＊＊　×××××××××

D 类：1110　　××××　×××××××××　×××××××××　×××××××××

E 类：1111　　××××　×××××××××　×××××××××　×××××××××

其中：

① A 类地址的最高位必须是"0"，其第一个字节为网络地址，后三个字节为主机地址。因此 A 类地址可拥有 126 个网络地址数，其中每个网络最多可以包含的主机数目为 $2^{24}-2$（主机地址全 1 和全 0 都属于特殊地址），即有 16777214 台主机。因此，A 类地址适用于超大规模的网络。

② B 类地址的最高两位必须是"10"，前两个字节为网络地址，后两个字节为主机地址。B 类 IP 地址中网络地址长度为 14 位，有 16384 个网络，其中每个网络最多可以包含的主机数目为 $2^{16}-2$，即有 65534 台主机。因此，B 类地址适用于中等规模的网络。

③ C 类地址的最高三位必须是"110"，前三个字节为网络地址，最后一个字节为主机地址。因此，C 类地址的网络数目为 2^{21}，即有 2097152 个网络，其中每个网络可以包含的主机数目为 2^8-2，即有 254 台主机。因此，C 类地址适用于小规模的局域网络。

④ D 类地址与前三类地址不同，它是一种特殊的 IP 地址类，应用于多播通信，因此也被称为多播地址。地址前面有 4 个引导位"1110"，其余的 28 位表示多播地址，因此其地址范围为：224.0.0.0～239.255.255.255。D 类地址只能作为目的地址，不能作为源地址。

⑤ E 类地址是一般情况下不用的实验性地址，前面包含 4 个引导位"1111"，因此其地址范围为：240.0.0.0～255.255.255.255。

6.2.3.2　子网与掩码

IP 地址最初采用的是网络地址和主机地址两级结构，然而在实际组网过程中，常常会出现使用 C 类地址时，主机编址空间不够，而使用 A 类或 B 类地址时，又会造成大量 IP 地址浪费的现象。为此，IP 地址现在多采用三级结构，即 IP 地址＝网络地址＋子网地址＋主机地址。把每个网络的主机地址空间根据需要再进一步划分成若干个子网，因此原来两级地址结构中的主机地址又细分为子网地址和主机地址，子网地址位数根据子网的实际规模来确定。具体三级结构地址的确定需要借助子网掩码来实现。

子网掩码是一个 32 位地址掩码，对应于网络地址和子网地址的地址掩码位设置为"1"，而对应于主机地址的地址掩码位设置为"0"。子网掩码用于屏蔽 IP 地址的一部分用以区别网络标识和主机标识，并说明该 IP 地址是在局域网上，还是在远程网上。

确定子网掩码的过程就是划分子网的过程，通常划分步骤如下。

（1）确定网络地址，划出网络标识和主机标识

例如：申请到的网络号为"202.195.a.b"，该网络地址为 C 类 IP 地址，网络标识为"202.195"，主机标识为"a.b"。

（2）根据需求确认子网个数

在确认子网个数时应当考虑将来的扩展情况。例如：现在需要 12 个子网，将来可能需要 16 个子网，则至少需要用第三个字节的前四位来确定子网掩码，而后四位仍然用于主机地址。所以将前四位都置为"1"，后四位全置为"0"，即第三个字节为"11110000"。

（3）得出子网掩码

对应于网络地址和子网地址的地址掩码位设置为"1"，而对应于主机地址的地址掩码位设置为"0"，则子网掩码的二进制形式为："11111111.11111111.11110000.00000000"，即为"255.255.240.0"。

6.2.3.3 端口号

按照 TCP/IP 模型的描述，应用层所有的应用进程（应用程序）都可以通过传输层再传送到 IP 层，传输层从 IP 层收到数据后必须交付给指明的应用进程，因此必须给应用层的每一个应用程序赋予一个非常明确的标志。由于在因特网上使用的计算机的操作系统种类很多，不同的系统会使用不同的进程标识符，因此无法采用计算机中的进程标识符来作为标志，必须采用统一的方法对 TCP/IP 体系的应用进程进行标志。为了标识通信实体中进行通信的进程，TCP/IP 协议提出了协议端口（protocol port，简称端口）的概念。

端口是一种抽象的软件结构（包括一些数据结构和 I/O 缓冲区）。应用程序通过系统调用与某端口绑定（binding）后，传输层传给该端口的数据都被相应的进程所接收，相应进程发给传输层的数据也通过该端口输出。类似于文件描述符，每个端口都拥有一个叫端口号的整数描述符，用来区别不同的端口。TCP/IP 协议使用一个 16 位的整数来标识一个端口，它的范围是 0～65535。由于 TCP 协议和 UDP 协议是两个完全独立的软件模块，因此各自的端口号也相互独立。如 TCP 有一个 255 号端口，UDP 也可以有一个 255 号端口，两者并不冲突。

端口号的分配通常有以下两种方法。

（1）全局分配

这是一种集中分配方式，由一个公认权威的机构根据用户需要进行统一分配，并将结果公布于众。

（2）本地分配

本地分配又称动态连接，即进程需要访问传输层服务时，向本地操作系统提出申请，操作系统返回本地唯一的端口号，进程再通过合适的系统调用，将自己和端口连接起来。

TCP/IP 端口号的分配综合了以上两种方式，将端口号分为两部分，少量的作为保留端口，以全局方式分配给服务进程。每一个标准服务器都拥有一个全局公认的端口，即使在不同的机器上，其端口号也相同。剩余的为自由端口，以本地方式进行分配。TCP 和 UDP 规定，小于 256 的端口才能作为保留端口。具体讲，TCP/IP 端口号分为如下两类。

（1）服务器端使用的端口号

服务器端的端口号又分为两类，最重要的一类叫公认端口号（well-known port number）或系统端口号，范围为 0～1023，它们紧密绑定一些服务。通常这些端口的通信明确表明了某种服务的协议。例如，对于每个 TCP/IP 实现来说，FTP 服务器的 TCP 端口号都是 21，每个 Telnet 服务器的 TCP 端口号都是 23，每个 TFTP（简单文件传送协议）服务器的 UDP 端口号都是 69，HTTP 通信的端口号实际上总是 80 等。

另一类叫注册端口号（registered ports），范围为 1024～49151。它们松散地绑定一些服务。也就是说有许多服务绑定于这些端口，这些端口同样用于许多其他目的。例如，许多系统处理动态端口从 1024 开始。使用这类端口号必须在 IANA 按照规定的手续登记，以防重复。

（2）客户端使用的端口号

这类端口通常又称为动态和/或私有端口（dynamic and/or private ports），范围为49152～65535。理论上，不应为服务分配这些端口。这类端口号是留给客户进程选择暂时使用的。当服务器进程收到客户进程的报文时，就知道了客户进程所使用的端口号，因而可以把数据发送给客户进程。通信结束后，刚才已经使用过的客户端口号就不复存在。这个端口号就可以供其他客户进程以后使用。实际上，机器通常从 1024 开始分配动态端口。

6.2.3.4 地址解析

地址解析（address resolution）就是将计算机中的协议地址翻译成物理地址（或称MAC 地址，即媒体映射地址）。

地址解析技术可分为如下 3 种。

① 表查询（table-lookup）。该方法适用于广域网，通过建立映射数组（协议地址↔物理地址）的方法解决。当需要进行地址解析时，由软件通过查询找到物理地址。

② 相近形式计算（closed-form computation）。该方法适用于可以自行配置的网络，IP 地址和物理地址相互对应。通常分配给计算机的协议地址是根据其物理地址经过仔细挑选的，使得计算机的物理地址可以由它的协议地址经过基本的逻辑和算术运算计算出来。

例如：

202.195.50.1→XXX1

202.195.50.2→XXX2

可通过这种算法得到物理地址：物理地址＝协议地址 & 0xFF。

③ 信息交换（message exchange）。该方式适用于 LAN，是基于分布式的处理方式，即主机发送一个解析请求，以广播的形式发出，并等待网络内各个主机的响应。

TCP/IP 协议包含了地址解析协议（address resolution protocol，ARP）。ARP 标准定义了两种基本信息类型：请求与响应。当一台主机要求转换一个 IP 地址时，它广播一个含有该 IP 地址的 ARP 请求，如果该请求与一台机器的 IP 地址匹配，则该机器发出一个含有所需物理地址的响应。响应是直接发给广播该请求的机器的。

使用 ARP 的计算机上都保留了一个高速缓存，用于存放最近获得的 IP 地址到物理地址的绑定，在发送分组时，计算机先到缓存中寻找所需的绑定，如没有，则发出一个 ARP 请求。接收方在处理 ARP 分组之前，先更新它们缓存中发送方的 IP 地址到物理地址的绑定信息，再进行响应或抛弃。

6.2.3.5 域名系统

在 Internet 上，既可以使用主机名标识一台主机，也可以使用 IP 地址来标识一台主机。但是在 TCP/IP 中，点分十进制的 IP 地址记起来总是不如名字那么方便，人们更愿意使用便于记忆的主机名标识符，所以，就采用了域名系统（domain name system，DNS）来管理名字和 IP 地址的对应关系。一个系统的全域名由主机名、域名和扩展名三部分组成，各部分间使用 "." 分隔，例如 www.sina.com.cn。在 TCP/IP 应用中，域名系统是一个分布的数据库，由它来提供 IP 地址和主机名之间的映射信息，可以通过在程序中调用标准库函数来编程实现域名与 IP 地址之间的相互转换，这一转换过程称为"域名解析"。通过从域名地址到 IP 地址的映射，使得在日常的网络应用中，可以使用域名这种便于记忆的地址表示形式。所有的网络应用程序理论上都应该具有内嵌的域名解析机制。

6.2.4　.NET 网络组件

C# 和 C++ 的差异之一，就是它本身没有类库，C# 所使用的类库是 .NET 框架中的类库——.NET Framework SDK。因此了解并掌握 .NET 框架为网络编程提供的类库是学习 C# 网络编程的前提。.NET 框架为网络开发提供了两个顶层命名空间：System.NET 和 System.Web，同时它们又包含多个子命名空间，C# 就是通过这些命名空间中封装的类和方法实现网络通信编程、Web 应用编程以及 Web Service 编程的。具体命名空间如表 6-1 所示。

表 6-1　命名空间

命名空间	功能概述
System.NET	为当前网络上流行的多种协议提供一个统一、简单的编程接口。其中 WebRequest 和 WebResponse 类形成了"可插入协议"的基础，利用这种网络服务的实现，可以开发在使用 Internet 资源时不必考虑所用协议具体细节的应用程序
System.NET.Cache	定义类型和枚举，这些类型和枚举用于为使用 WebRequest 和 HttpWebRequest 类获取的资源定义缓存策略
System.NET.Configuration	所含类提供以编程方式访问和更新 System.NET 命名空间的配置设置的功能
System.NET.Mail	用于将电子邮件发送到简单邮件传输协议（SMTP）服务器进行传送的类
System.NET.Mime	包含用于表示多用途 Internet 邮件交换（MIME）标头的类型。这些类型与 System.NET.Mail 命名空间中的类型一起使用，用于在使用 SmtpClient 类发送电子邮件时指定 Content-Type、Content-Disposition 和 Content-transfer-Encoding 标头
System.NET.NetworkInformation	提供对网络流量数据、网络地址信息和本地计算机的地址更改通知的访问。该命名空间还包含实现 Ping 实用工具的类。可以使用 Ping 和相关的类检查是否可通过网络访问某台计算机
System.NET.Security	为网络流在主机间的传输提供了安全控制
System.NET.Sockets	为需要严格控制网络访问的开发人员提供 Windows 套接字（Winsock）接口的托管实现
System.Web	包含启用浏览器/服务器通信的类和接口。这些命名空间类用于管理到客户端的 HTTP 输出（HttpResponse）和读取 HTTP 请求（HttpRequest）。附加的类则提供了一些功能，用于服务器端的实用程序以及进程、cookie 管理、文件传输、异常信息和输出缓存控制
System.Web.UI	包含创建 Web 窗体页的类，包括 Page 类和用于创建 Web 用户界面的其他标准类
System.Web.UI.HtmlControls	包含创建 ASP.NET Web 服务器控件的类。当添加到 Web 窗体时，这些控件将呈现浏览器特定的 HTML 和脚本，用以创建与设备无关的 Web 用户界面
System.Web.Mobile	包含生成 ASP.NET 移动 Web 应用程序所需的核心功能，包括身份验证和错误处理
System.Web.UI.MobileControls	包含一组 ASP.NET 服务器控件，这些控件可以针对不同的移动设备呈现应用程序
System.Web.Services	包含能够生成和使用 XML Web services 的类，这些服务是驻留在 Web 服务器中的可编程实体，并通过标准 Internet 协议公开

命名空间中所含类及其功能如表 6-2 所示。

表 6-2　命名空间中的类及其功能

类名	功能概述
DNS	提供简单域名解析功能
DnsPermission	控制对网络 DNS 服务器的访问
EndPoint	用于标识网络地址
FileWebRequest	为 WebRequest 类提供一个文件系统实现
FileWebResponse	为 WebResponse 类提供一个文件系统实现
HttpVersion	定义了由 HttpWebRequest 和 HttpWebResponse 类支持的 HTTP 版本号
HttpWebRequest	为 WebRequest 类提供了特定于 HTTP 的实现
HttpWebResponse	为 WebResponse 类提供了特定于 HTTP 的实现
IPAddress	提供了 IP 地址
IPEndPoint	以 IP 地址和端口号的形式代表一个网络终端
IPHostEntry	为 Internet 主机地址信息提供了容器类
ProtocolViolationException	当使用网络协议时出现错误,则将抛出由该类所代表的异常
SocketAddress	代表一个套接字地址
SocketPermission	控制在传输地址上生成或接收连接的权限
SocketPermissionAttribute	允许将 SocketPermission 的安全动作,施用于使用声明安全性的代码
WebClient	为客户与 Internet 资源间的数据发送和接收提供了通用方法
WebException	当通过可插入协议访问网络时出现错误,则将抛出由该类代表的异常
WebProxy	包含 WebRequest 类的 HTTP 代理
WebRequest	代表一个到 URI 的请求
WebResponse	代表来自 URI 的响应
LingerOption	包含套接字延迟时间的信息,即当数据仍在发送时,套接字应在关闭后保持的时间
MulticastOption	包含了 IP 多点传送报文的选项值
NetworkStream	为网络访问提供了基础数据流
Socket	实现了 Berkeley 套接字接口
SocketException	当出现套接字错误时,将抛出由该类所代表的异常
TCPClient	为 TCP 网络服务提供了客户连接
TCPListener	用以监听 TCP 客户连接
UDPClient	用于提供 UDP 网络服务

　　我们经常使用的 IP 地址类包括 IPAddress 类、IPHostEntry 类、IPEndPoint 类等,其中 IPAddress 类是描述 IP 地址的类,主要用来存储 IP 地址。

IPAddress 类的属性和方法如表 6-3 所示。

表 6-3 IPAddress 类的属性和方法

属性、方法名	说明
Any	只读属性,提供一个 IP 地址,标识服务器应该监听所有网络接口上的客户活动
Broadcast	只读属性,提供 IP 广播地址,等价于 255.255.255.255
Loopback	只读属性,提供 IP 回送地址,等价于 127.0.0.1
None	只读属性,提供一个 IP 地址,标识不应使用网络接口
Address	获取或设置一个 IP 地址
AddressFamily	指定 IP 地址的地址族
Equals( )	比较两个 IP 地址
GetHashCode( )	获取 IP 地址哈希值
HostToNetworkOrder( )	将主机字节顺序值转换为网络字节顺序值
Parse( )	将 IP 地址字符串转换为 IP 地址实例

IPHostEntry 类是为 Internet 主机地址信息提供容器的类,它使 DNS 主机名与一个别名数组和匹配的 IP 地址数组相关。

IPHostEntry 类的属性和方法如表 6-4 所示。

表 6-4 IPHostEntry 类的属性和方法

属性、方法名	说明
Address	获取或设置 EndPoint 的 IP 地址
AddressFamily	获取 IP 地址族
Port	获取或设置 EndPoint 的 TCP 端口号
MaxPort	用于指定可被赋予 Port 属性的最大值
MinPort	用于指定可被赋予 Port 属性的最小值
Create( )	调用 Creat( )方法,以根据套接字地址创建 EndPoint
Serialize( )	调用 Serialize( )方法,以将 EndPoint 信息序列转化到一个 SocketAddress 实例中

6.2.5 套接字（socket）

套接字（socket）是一个抽象层,应用程序可以通过它发送或接收数据,可对其进行像对文件一样的打开、读写和关闭等操作。套接字允许应用程序将 I/O 插入网络中,并与网络中的其他应用程序进行通信。网络套接字是 IP 地址与端口的组合。

传输层实现端到端的通信,因此,每一个传输层连接有两个端点。那么,传输层连接的端点是什么呢？不是主机,不是主机的 IP 地址,不是应用进程,也不是传输层的协议端口。传输层连接的端点叫做套接字（socket）。根据 RFC793 的定义：端口号拼接到 IP 地址就构成了套接字。所谓套接字,实际上是一个通信端点,每个套接字都有一个套接字序号,包括主机的 IP 地址与一个 16 位的主机端口号,即形如“主机 IP 地址：端口号”。例如,如果 IP 地址是 210.37.145.1,而端口号是 23,那么得到的套接字就是“210.37.145.1：23”。

总之,套接字 socket＝“IP 地址：端口号”,套接字的表示方法是点分十进制的 IP 地址后面写上端口号，中间用冒号或逗号隔开。每一个传输层连接唯一被通信两端的两个端点（即两个套接字）。

套接字可以看成两个网络应用程序进行通信时，各自通信连接中的一个端点。通信时，其中的一个网络应用程序将要传输的一段信息写入它所在主机的 socket 中，该 socket 通过网络接口卡的传输介质将这段信息发送给另一台主机的 socket，使这段信息能传送到其他程序中。因此，两个应用程序之间的数据传输要通过套接字来完成。

在网络应用程序设计时，由于 TCP/IP 的核心内容被封装在操作系统中，如果应用程序要使用 TCP/IP，可以通过系统提供的 TCP/IP 的编程接口来实现。在 Windows 环境下，网络应用程序编程接口称作 Windows Socket。为了支持用户开发面向应用的通信程序，大部分系统都提供了一组基于 TCP 或者 UDP 的应用程序编程接口（API），该接口通常以一组函数的形式出现，也称为套接字（socket）。

TCP/IP 提供 3 种类型的套接字。

（1）流式套接字（SOCK_STREAM）

提供面向连接、可靠的数据传输服务，数据无差错、无重复地发送，且按发送顺序接收。内设流量控制，避免数据流超限；数据被看作是字节流，无长度限制。文件传输协议（FTP）即使用流式套接字。

（2）数据报式套接字（SOCK_DGRAM）

提供无连接服务。报文以独立包形式发送，不提供无差错保证，数据可能丢失或重复，并且接收顺序混乱。网络文件系统（NFS）使用数据报式套接字。

（3）原始套接字（SOCK_RAW）

该接口允许对较低层协议，如 IP、ICMP 直接访问。常用于检验新的协议实现或访问现有服务中配置的新设备。

socket 编程的通信方式。在利用 socket 进行编程时要先了解以下几个概念：同步（Synchronous）、异步（Asynchronous）、阻塞（Block）和非阻塞（Unblock）。其中，同步、异步是属于通信模式的概念，而阻塞、非阻塞则属于套接字模式的概念。

（1）同步方式

通信的同步，指客户端在发送请求后，必须在服务端有回应后才能发送下一个请求。所以这个时候的所有请求将会在服务端得到同步。

（2）异步方式

通信的异步，指客户端在发送请求后，不必等待服务端的回应就可以发送下一个请求，这样对于所有的请求动作来说将会在服务端得到异步，这条请求的链路就像是一个请求队列，所有的动作在这里不会得到同步。

（3）阻塞方式

阻塞套接字是指执行此套接字的网络调用时，所调用的函数只有在得到结果之后才会返回，在调用结果返回之前，当前线程会被挂起，即此套接字一直阻塞在网络调用上。比如调用 StreamReader 类的 ReadLine() 方法读取网络缓冲区的数据，如果调用的时候没有数据到达，那么此 ReadLine() 方法将一直挂在调用上，直到读到一些数据，此函数才返回。

（4）非阻塞方式

非阻塞和阻塞的概念相对应，非阻塞套接字是指在执行此套接字的网络调用时，即使不能立刻得到结果，该函数也不会阻塞当前线程，而会立刻返回。对于非阻塞套接字，同样调用 StreamReader 类的 ReadLine() 方法读取网络缓冲区的数据，不管是否读到数据都立即返回，而不会一直挂在此函数调用上。

程序编写步骤如下。

（1）服务器端

第一步：调用 socket() 函数创建一个用于通信的套接字。

第二步：给已经创建的套接字绑定一个端口号，一般通过设置网络套接口地址和调用 bind() 函数来实现。

第三步：调用 listen() 函数使套接字成为一个监听套接字。

第四步：调用 accept() 函数来接收客户端的连接，这就可以和客户端通信了。

第五步：处理客户端的连接请求。

第六步：终止连接。

（2）客户端

第一步：调用 socket() 函数创建一个用于通信的套接字。

第二步：通过设置套接字地址结构，说明与客户端通信的服务器的 IP 地址和端口号。

第三步：调用 connect() 函数来建立与服务器的连接。

第四步：调用读写函数发送或者接收数据。

第五步：终止连接。

6.2.6 多线程编程

线程是进程中的一个执行单元；是操作系统分配 CPU 时间的基本单元。Windows 是一个支持多线程的系统。一个进程可以包含若干个线程。

多线程是在同一时间执行多个任务的功能，称为多线程或自由线程。

（1）多线程的优缺点

① 多线程的优点：

可以同时完成多个任务，可以使程序的响应速度更快；

可以让占用大量处理时间的任务或当前没有进行处理的任务定期将处理时间让给别的任务；

可以随时停止任务，可以设置每个任务的优先级以优化程序性能。

② 多线程的缺点：

对资源的共享访问可能造成冲突（对共享资源的访问进行同步或控制）；

程序的整体运行速度减慢等。

（2）线程的类

在 C# 应用程序中，第一个线程总是 Main() 方法，因为第一个线程是由 .NET 运行库开始执行的，Main() 方法是 .NET 运行库选择的第一个方法。后续的线程由应用程序在内部启动，即应用程序可以创建和启动新的线程。

在 .NET 程序设计中，线程是使用 Thread 类［或 Timer 类（线程计数器）、ThreadPool 类（线程池）］来处理的，这些类在 System. Threading 命名空间中：using System. Threading；。

① Thread 类（实现线程的主要方法）：一个 Thread 实例管理一个线程，即执行序列。通过简单实例化一个 Thread 对象，就可以创建一个线程，然后通过 Thread 对象提供的方

法对线程进行管理。

② Timer 类：适用于间隔性地完成任务。

③ ThreadPool：适用于多个小的线程。

Thread 类的主要属性。

① CurrentThread：获取当前正在运行的线程。

② Name：获取或设置线程的名称。

③ Priority：获取或设置线程的优先级。

④ ThreadState：获取或设置线程的当前状态。

⑤ IsBackground：指示线程是否为后台线程。

⑥ IsAlive：指示当前线程的执行状态。

⑦ CurrentContext：获取线程其中执行的当前上下文。

Thread 类的主要方法。

① Abort：终止线程。

② GetDomain：返回当前线程正在其中运行的当前域。

③ Interrupt：中断处于 WaitSleepJoin 线程状态的线程。

④ Join：阻塞调用线程，直到某个线程终止时为止。

⑤ ResetAbort：取消为当前线程请求的 Abort。

⑥ Resume：继续已挂起的线程。

⑦ Sleep：暂停当前线程指定的毫秒数。

⑧ Start：启动线程。

⑨ Suspend；挂起线程。

（3）建立线程的步骤

① 声明。例如：Thread a；。

② 实例化。例如：a＝new Thread(new ThreadStart(b));，其中，b 为新建过程中执行的过程名。

③ 调用。使用 Thread.Start() 方法启动该线程。例如：a.Start();。

【例 6-1】 建立线程 A，并启动线程。

```
using System;
using System. Threading;
public class A
{public void ff()//线程启动时调用此方法
{Console. WriteLine("A. ff()方法在另一个线程上运行!!");
Thread. Sleep(3000);//将线程阻塞一定时间
Console. WriteLine("终止工作线程调用此实例方法!!");}
public static void gg()
{Console. WriteLine("A. gg()方法在另一个线程上运行!!");
Thread. Sleep(5000);//将线程阻塞一定时间
Console. WriteLine("终止工作线程调用此静态方法!!");}}
public class B
{public static void Main()
```

```
{
Console.WriteLine("* * * * * * * * * * 线程简单示例!* * * * * * * * * * ");
A a=new A();
Thread s1=new Thread(new ThreadStart(a.ff));
s1.Start();
Console.WriteLine("启动新线程 ff()方法后,被 Main()线程调用!!");
Thread s2=new Thread(new ThreadStart(A.gg));
s2.Start();
Console.WriteLine("启动新线程 gg()方法后,被 Main()线程调用!!");
Console.ReadLine();
}}
```

（4）线程的挂起（或暂停）

① 调用 Thread.Sleep() 方法将线程挂起。

注：Sleep() 方法指定的时间以毫秒为单位。

② 调用 s1.Suspend() 方法将线程挂起。

区别：前者为静态方法，并且使线程立即暂停一定时间；后者为实例方法，不会使线程立即停止执行，直到线程到达安全点之后，它才将该线程暂停。

（5）线程的恢复与终止

调用 Resume() 方法将线程恢复。

调用 Abort() 方法将线程终止。

6.3 任务实施

6.3.1 控制台网络通信程序开发

【例 6-2】 开发控制台网络通信应用程序，完成 server 服务器与客户端 client 之间的信息通信。

① 客户端发送数据，如服务器成功接收，则返回发送成功的反馈信息 "hello client，send message successful"。如图 6-1 所示。

② 服务器显示从客户端发送过来的信息。如图 6-2 所示。

【解】 开发过程如下。

① 新建服务器项目。

新建控制台应用程序，名称为 server，保存到制定目录下。

② 输入服务器端代码。

```
static void Main(string[] args)
    {
        int port=8888;
        string host="127.0.0.1";
        IPAddress ip=IPAddress.Parse(host);
```

```
                    IPEndPoint point=new IPEndPoint(ip,port);
                    Socket socket=new Socket(AddressFamily. InterNetwork,
SocketType. Stream,ProtocolType. Tcp);
                    // 绑定
                    socket. Bind(point);
                    // 监听
                    socket. Listen(0);
                    bool flag=true;
                    while (flag)
                    {
                        Socket client=socket. Accept();
                        // 接收消息
                        byte[] receiveBT=new byte[1024];
                        int bytes;
                        bytes=client. Receive(receiveBT,receiveBT. Length,0);
                        string receiveStr=Encoding. ASCII. GetString(receiveBT,0,bytes);
                        Console. WriteLine("client message: {0}",receiveStr);
                        // 发送消息
                        string sendStr="hello client ,send message successful";
                        byte[] sendBT=Encoding. ASCII. GetBytes(sendStr);
                        client. Send(sendBT,sendBT. Length,0);
                        // 关闭连接
                        client. Close();
                    }
                    socket. Close();
        }
```

③ 新建客户端项目。新建控制台应用程序，名称为 client，保存到制定目录下。

④ 输入客户端代码。

```
static void Main(string[] args)
        {
            int port=8888;
            string host="127. 0. 0. 1";
            IPAddress ip=IPAddress. Parse(host);
            IPEndPoint point=new IPEndPoint(ip,port);
            Socket socket=new Socket(AddressFamily. InterNetwork,
SocketType. Stream,ProtocolType. Tcp);
            socket. Connect(point);
            //发送消息
            Console. Write("请输入发送信息:");
```

```
string sendMsg=Console.ReadLine();
byte[] bytes=Encoding.ASCII.GetBytes(sendMsg);
socket.Send(bytes);
// 接收消息
byte[] receiveBT=new byte[1024];
int count=socket.Receive(receiveBT);
String receiveMsg=Encoding.ASCII.GetString(receiveBT,0,count);
Console.WriteLine("receive server message : {0}",receiveMsg);
// 关闭 socket
socket.Close();
Console.ReadLine();
    }
```

⑤ 运行服务器与客户端应用程序，在客户端输入任意信息，检测服务器端是否接收到相应的信息。

6.3.2 WinForm 网络聊天软件开发

【例 6-3】　开发 WinForm 应用程序，通过设置 IP 地址及端口，实现网络聊天功能。界面设计如图 6-3、图 6-4 所示。

【解】　开发过程如下。

① 新建 Windows 窗体应用程序项目，命名为 chatserver。

② 服务器端界面设计。添加文本框、编辑框、命令按钮控件，修改相应属性。

其中文本框和命令按钮的 name 属性修改如下：

IP 文本框 name：txtIP；

port（端口号）文本框 name：txtPORT；

聊天内容文本框 name：txtMsg；

发送信息文本框 name：txtSendMsg；

启动服务按钮 name：btnServerConn；

发送信息按钮 name：btnSendMsg。

③ 编写服务器端代码。

```
public partial class FServer:Form
    {
        public FServer()
        {
        InitializeComponent();
        //关闭对文本框的非法线程操作检查
        TextBox.CheckForIllegalCrossThreadCalls=false;
        }

        Thread threadWatch=null; //负责监听客户端的线程
```

```
Socket socketWatch=null; //负责监听客户端的套接字

private void btnServerConn_Click(object sender,EventArgs e)
{
    //定义一个套接字用于监听客户端发来的信息,包含 3 个参数(IP4 寻址协
议、流式连接、TCP 协议)
    socketWatch=new Socket(AddressFamily.InterNetwork,
SocketType.Stream,ProtocolType.Tcp);
    //服务端发送信息,需要 1 个 IP 地址和端口号
    IPAddress ipaddress=IPAddress.Parse(txtIP.Text.Trim());
//获取文本框输入的 IP 地址
    //将 IP 地址和端口号绑定到网络节点 endpoint 上
    IPEndPoint endpoint=new IPEndPoint(ipaddress,int.Parse
(txtPORT.Text.Trim())); //获取文本框上输入的端口号
    //监听绑定的网络节点
    socketWatch.Bind(endpoint);
    //将套接字的监听队列长度限制为 20
    socketWatch.Listen(20);
    //创建一个监听线程
    threadWatch=new Thread(WatchConnecting);
    //将窗体线程设置为与后台同步
    threadWatch.IsBackground=true;
    //启动线程
    threadWatch.Start();
    //启动线程后 txtMsg 文本框显示相应提示
    txtMsg.AppendText("开始监听客户端传来的信息!"+ "\r\n");

}

//创建一个负责和客户端通信的套接字
Socket socConnection=null;

/// <summary>
/// 监听客户端发来的请求
/// </summary>
private void WatchConnecting()
{
    while (true)   //持续不断监听客户端发来的请求
    {
        socConnection=socketWatch.Accept();
```

```
            txtMsg.AppendText("客户端连接成功"+ "\r\n");
            //创建一个通信线程
            ParameterizedThreadStart pts=new ParameterizedThreadStart
(ServerRecMsg);
            Thread thr=new Thread(pts);
            thr.IsBackground=true;
            //启动线程
            thr.Start(socConnection);
        }
    }


    /// <summary>
    /// 发送信息到客户端的方法
    /// </summary>
    /// <param name="sendMsg">发送的字符串信息</param>
    private void ServerSendMsg(string sendMsg)
    {
        //将输入的字符串转换成机器可以识别的字节数组
        byte[] arrSendMsg=Encoding.UTF8.GetBytes(sendMsg);
        //向客户端发送字节数组信息
        socConnection.Send(arrSendMsg);
        //将发送的字符串信息附加到文本框 txtMsg 上
        txtMsg.AppendText("服务器:"+GetCurrentTime()+"\r\n"+
sendMsg+"\r\n");
    }


    /// <summary>
    /// 接收客户端发来的信息
    /// </summary>
    /// <param name="socketClientPara">客户端套接字对象</param>
    private void ServerRecMsg(object socketClientPara)
    {
        Socket socketServer=socketClientPara as Socket;
        while (true)
        {
            //创建一个内存缓冲区,其大小为 1024 * 1024 字节,即 1MB
            byte[] arrServerRecMsg=new byte[1024 * 1024];
            //将接收到的信息存入到内存缓冲区,并返回其字节数组的长度
            int length=socketServer.Receive(arrServerRecMsg);
            //将机器接收到的字节数组转换为可以读懂的字符串
```

```
            string strSRecMsg=Encoding.UTF8.GetString(arrServerRecMsg,
0,length);
                //将发送的字符串信息附加到文本框 txtMsg 上
                txtMsg.AppendText("客户端:"+GetCurrentTime()+"\r\n"+
strSRecMsg+"\r\n");
            }
        }
        //发送信息到客户端
        private void btnSendMsg_Click(object sender,EventArgs e)
        {
            //调用 ServerSendMsg 方法,发送信息到客户端
            ServerSendMsg(txtSendMsg.Text.Trim());
        }

        //快捷键 Enter 发送信息
        private void txtSendMsg_KeyDown(object sender,KeyEventArgs e)
        {
            //如果用户按下了 Enter 键
            if (e.KeyCode==Keys.Enter)
            {
                //则调用服务器向客户端发送信息的方法
                ServerSendMsg(txtSendMsg.Text.Trim());
            }
        }

        /// <summary>
        /// 获取当前系统时间的方法
        /// </summary>
        /// <returns>当前时间</returns>
        private DateTime GetCurrentTime()
        {
            DateTime currentTime=new DateTime();
            currentTime=DateTime.Now;
            return currentTime;
        }
    }
```

④ 新建 Windows 窗体应用程序项目，命名为 chatclient。

⑤ 客户端界面设计。添加文本框、编辑框、命令按钮控件，修改相应属性。其中文本框和命令按钮的 name 属性修改如下：

IP 文本框 name：txtIP；

Port 文本框 name：txtPort；

聊天内容文本框 name：txtMsg；

发送信息文本框 name：txtCMsg；

连接到服务端按钮 name：btnBeginListen；

发送消息按钮 name：btnSend。

⑥ 编写客户端代码。

```
using System;
using System. Collections. Generic;
using System. ComponentModel;
using System. Data;
using System. Drawing;
using System. Linq;
using System. Text;
using System. Windows. Forms;
using System. NET. Sockets;
using System. Threading;
using System. NET;


namespace ChatClient
{
    public partial class FClient : Form
    {
        public FClient()
        {
            InitializeComponent();
            //关闭对文本框的非法线程操作检查
            TextBox. CheckForIllegalCrossThreadCalls=false;
        }
        //创建 1 个客户端套接字和 1 个负责监听服务端请求的线程
        Socket socketClient=null;
        Thread threadClient=null;

        private void btnBeginListen_Click(object sender,EventArgs e)
        {
            //定义一个套接字监听,包含 3 个参数(IPv4 寻址协议、流式连接、TCP 协议)
            socketClient=new Socket(AddressFamily. InterNetwork,SocketType.
Stream,ProtocolType. Tcp);
            //需要获取文本框中的 IP 地址
            IPAddress ipaddress=IPAddress. Parse(txtIP. Text. Trim());
            //将获取的 IP 地址和端口号绑定到网络节点 endpoint 上
```

209

```
        IPEndPoint endpoint = new IPEndPoint(ipaddress, int.Parse
(txtPort.Text.Trim())));
        //这里客户端套接字连接到网络节点(服务端)用的方法是 Connect 而不是 Bind
        socketClient.Connect(endpoint);
        //创建一个线程,用于监听服务端发来的消息
        threadClient = new Thread(RecMsg);
        //将窗体线程设置为与后台同步
        threadClient.IsBackground = true;
        //启动线程
        threadClient.Start();
    }


    /// <summary>
    /// 接收服务端发来信息的方法
    /// </summary>
    private void RecMsg()
    {
        while (true)//持续监听服务端发来的消息
        {
            //定义一个 1MB 的内存缓冲区,用于临时性存储接收到的信息
            byte[] arrRecMsg = new byte[1024 * 1024];
            //将客户端套接字接收到的数据存入内存缓冲区,并获取其长度
            int length = socketClient.Receive(arrRecMsg);
            //将套接字获取到的字节数组转换为可以看懂的字符串
            string strRecMsg = Encoding.UTF8.GetString(arrRecMsg, 0, length);
            //将发送的信息追加到聊天内容文本框中
            txtMsg.AppendText("服务器:" + GetCurrentTime() + "\r\n" +
strRecMsg + "\r\n");
        }
    }


    /// <summary>
    /// 发送字符串信息到服务端的方法
    /// </summary>
    /// <param name="sendMsg">发送的字符串信息</param>
    private void ClientSendMsg(string sendMsg)
    {
        //将输入的内容字符串转换为机器可以识别的字节数组
```

```
        byte[] arrClientSendMsg=Encoding.UTF8.GetBytes(sendMsg);
        //调用客户端套接字发送字节数组
        socketClient.Send(arrClientSendMsg);
        //将发送的信息追加到聊天内容文本框中
        txtMsg.AppendText("客户端:"+GetCurrentTime()+"\r\n"+sen-
dMsg+"\r\n");
    }

    //点击按钮 btnSend 向服务端发送信息
    private void btnSend_Click(object sender,EventArgs e)
    {
        //调用 ClientSendMsg 方法将文本框中输入的信息发送给服务端
        ClientSendMsg(txtCMsg.Text.Trim());
    }

    //快捷键 Enter 发送信息
    private void txtCMsg_KeyDown(object sender,KeyEventArgs e)
    {
        //当光标位于文本框时,如果用户按下了键盘上的 Enter 键
        if (e.KeyCode==Keys.Enter)
        {
            //则调用客户端向服务端发送信息的方法
            ClientSendMsg(txtCMsg.Text.Trim());
        }
    }

    /// <summary>
    /// 获取当前系统时间的方法
    /// </summary>
    /// <returns>当前时间</returns>
    private DateTime GetCurrentTime()
    {
        DateTime currentTime=new DateTime();
        currentTime=DateTime.Now;
        return currentTime;
    }
    }
}
```

⑦ 运行客户端和服务器程序,输入聊天信息,检测运行结果,如图 6-7 和图 6-8 所示。

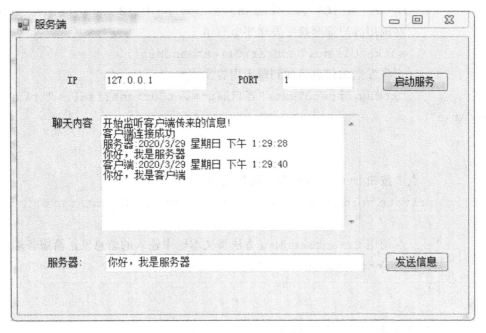

图 6-7　服务器端运行效果

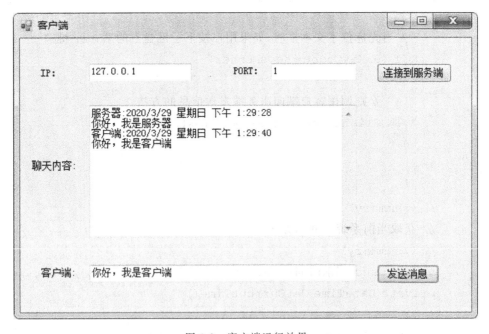

图 6-8　客户端运行效果

6.4　巩固与提高

在 6.3.2 的实例基础上，对程序进行改进，增加文件传输功能，客户端通过网络，将指定的文件传输到服务器端，如图 6-9 所示。

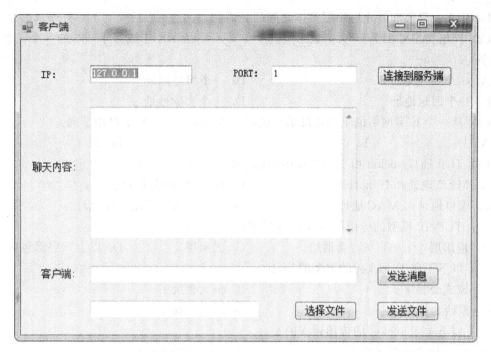

图 6-9　客户端设计界面

记一记：

6.5　课后习题

6.5.1　选择题

（1）OSI 模型数据链路层的主要功能是（　　）。

A. 利用不可路由的物理地址建立平面网络模型

B. 通过物理媒体以比特流格式传输数据

C. 利用逻辑地址建立多个可路由网络

D. 建立、管理和终止应用层实体之间的会话

（2）网络类型号 $127.x.y.z$ 表示（其中 x、y、z 表示小于或等于 255 的一个任意十进制数字）（　　）。

A. 一个专用地址 　　　　　　　　　　B. 一个组播地址

C. 一个回送地址 　　　　　　　　　　D. 一个实验地址

（3）从一个 C 类网络的主机地址借 3 位时，可建立（　　）个可用子网。

A. 3 　　　　　　　B. 6 　　　　　　　C. 8 　　　　　　　D. 12

（4）TCP 插口 socket 由下列哪项中的地址组合而成（　　）。

A. MAC 地址和 IP 地址 　　　　　　　B. IP 地址和端口地址

C. 端口地址和 MAC 地址 　　　　　　D. 端口地址和应用程序地址

（5）TCP/IP 模型的应用层对应 OSI 模型的（　　）。

A. 应用层 　　　　B. 会话层 　　　　C. 表示层 　　　　D. 以上三层都包括

（6）以下不属于 socket 的类型的是（　　）。

A. 流式套接字 　　　　　　　　　　　B. 报文套接字

C. 原始套接字 　　　　　　　　　　　D. 网络套接字

（7）以下关于 socket 的描述错误的是（　　）。

A. 是一种文件描述符 　　　　　　　　B. 是一个编程接口

C. 仅限于 TCP/IP 　　　　　　　　　　D. 可用于一台主机内部不同进程间的通信

（8）下列定义线程方法正确的是（　　）。

A. public Thread();

B. public Thread(Runnable target);

C. public Thread(ThreadGroup group, Runnable target)

D. 以上都正确

（9）以下是多线程的优点，（　　）是错误的。

A. 可以同时完成多个任务

B. 可以使程序的响应速度更快

C. 可以设置每个任务的优先级以优化程序性能

D. 不可以随时停止任务

（10）下列选项，不属于多线程的优缺点的是（　　）。

A. 线程过多导致控制困难，将造成多个 Bug

B. 对共享资源的访问导致线程之间的竞用，从而互相影响

C. 线程需要占用内存，线程越多占用内存越多

D. 多线程需要耗费 CPU 时间去协调和管理，所以多线程会降低 CPU 的利用率

6.5.2　问答题

（1）TCP 有哪些主要特点？

（2）UDP 和 TCP 的主要区别有哪些？

（3）线程同步有几种方法？每种方法之间有什么区别？

项目七
三层架构应用

【项目背景】 分层式结构可以说是软件体系架构设计中最常见的一种形式。"分层"的含义就是按"高内聚，低耦合"的思想将软件划分成不同的模块，每一层实现一种逻辑功能，最终实现整体功能。用这种方式来开发软件可以使程序具备健壮性、扩展性和易维护等诸多优点，并且可以在开发过程中合理分配工作。

微软推荐的分层式软件结构一般为三层，从下到上分别为：数据访问层、业务逻辑层和用户表现层。其中，数据访问层负责与数据库相关的操作；业务逻辑层负责处理和传递数据，包含软件的核心功能；用户表现层负责结果呈现，并实现与用户的交互功能。这种分层方式适用于很多种软件的开发。

在本项任务中，通过开发基于 BS 模式的"个人计划管理系统"来了解三层架构的具体应用。将涉及之前学过的数据库技术和 C# 程序开发技术，其中包含的 BS 开发技术，如 HTML、CSS 等内容不纳入本章的学习重点和目标。

7.1 任务目标

通过所学知识，运用三层架构技术，开发个人计划管理系统。

在互联网时代里，可以说我们天天都在接触网站，但网站的概念或定义是什么？该如何创建一个网站？这里，我们可以将网站看作是一个资源的集合，在这个集合里可能包含计算机能够存储或运行的一切数据与方法。创建一个网站不同于我们每天的浏览网站行为，需要根据网站建设的需求做全盘的考虑，从功能实现到细节处理都是人为的操作。涉及数据库、后端程序、前端程序甚至视觉设计等各类专业技能的综合应用。

在本章的项目中，着重于网站后端程序和数据库的开发，旨在通过这个具备一定数据库操作功能的完整开发过程来让我们深入理解数据库技术与面向对象程序设计的特点。

7.2 技术准备

以 Web 应用程序为例，早期是将所有的表示逻辑、业务逻辑和数据访问逻辑放在一起，这就是一层架构。

后来随着 Java、.NET 等高级语言的发展，提供了越来越方便的数据访问机制，如 Java 的 JDBC 和 .NET 的 ADO.NET。这时数据访问部分被分离开来，形成了两层架构。再后来，随着面向对象设计、企业架构模式等理念的不断发展，表示逻辑和业务逻辑也被分离开来，形成了现在的三层架构。

三层架构的思想依然隶属于面向对象的理念，是指在业务和技术的发展过程中，系统中不同的职责被定义在不同的层次，每一层负责的功能更加具体化。三层架构通常包括用户表现层（也称表示层）、业务逻辑层和数据访问层。层与层之间互相连接、互相协作，构成一个整体，并且层的内部可以被替换成其他的工作方法，对整体的架构影响不大。这就意味着这种架构模式可以用来开发多种应用程序，或者同一个应用程序可以被很容易地升级成具备更优秀代码的版本。

三层架构的优点主要有：
① 开发者可以只关注整个结构中的某一层；
② 利于用新的方法来替换原有的功能；
③ 降低层与层之间的依赖；
④ 利于程序开发标准化；
⑤ 利于各层逻辑的复用；
⑥ 程序结构更加明晰；
⑦ 降低维护成本；
……

当然，三层架构也并非没有缺点，比如会在一定程度上降低系统的性能、功能的扩充会导致代码量的成倍增长等。但是这并不影响三层架构的优点所带来的便利。

在 Visual Studio 中，开发网站意味着可以将 ASP.NET、C#、数据库和三层架构等各具优势的技术很好地融合在一起。这给网站的开发带来更多的选择和可能。希望通过本章的学习能让大家初步理解三层架构的基本概念和应用，并且进一步提高 C# 语言和数据库的应用水平。

7.3 任务实施

7.3.1 创建网站

【例 7-1】 在 Visual Studio 2015 中，开发一个新的软件可以被认为是创建一个新的项目。项目既可以是 CS 模式的程序，也可以是 BS 模式的程序。但当我们的系统是较轻量级的 BS 程序时，可以直接以网站的形式来创建。

创建过程如下。

首先，在较为特定的位置创建一个文件夹，作为网站的根目录。本例中，我们可以在 F：\ 盘下创建一个名为"2020PersonPlan"的文件夹。打开 Windows 资源管理器，如图 7-1 所示。

图 7-1　创建网站的根目录

启动或切换至 Visual Studio 2015，在"文件(F)"菜单中，选择"新建(N)"子菜单中的"网站(W)..."命令，快捷键为"Shift＋Alt＋N"。如图 7-2 所示。

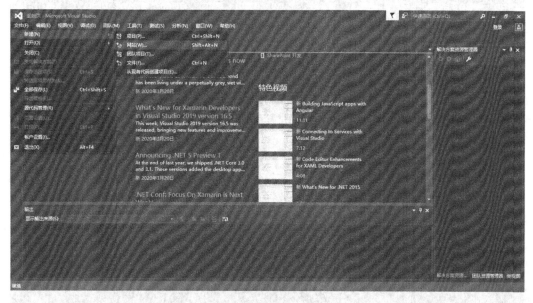

图 7-2　创建网站命令

在弹出的对话框中，首先确定左侧语言选择区"模板"中的"Visual C#"处于选定状态，然后选择"ASP. NET 空网站"，如图 7-3 所示。

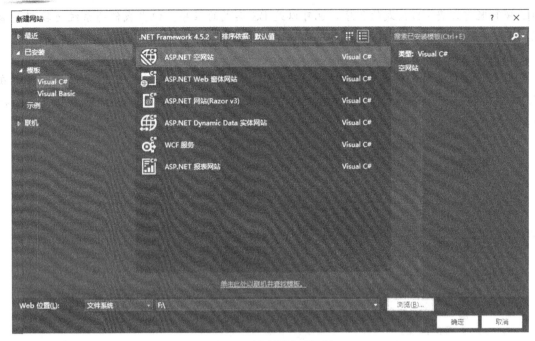

图 7-3　创建网站对话框

比较关键的一步是点击对话框下方的"浏览(B)..."按钮，在里面选择之前创建好的文件夹，当然，通过手动输入的方式在按钮前的文本框里敲出完整的路径也是可以的，但前提是记忆得非常清楚。最后，点击"确定"按钮，完成网站的创建。这之后进行的就是系统的数据库构建和代码编辑调试等工作，如图 7-4 所示。

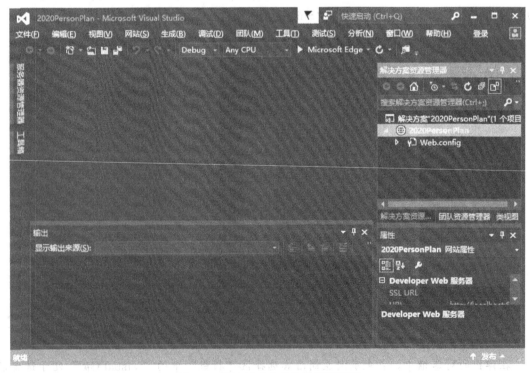

图 7-4　网站创建完成后的系统界面

7.3.2 创建数据库

【例 7-2】 在 Visual Studio 2015 中，网站数据库的创建与操作主要有两种选择，一种是连接远程的服务器，适用于开发大型程序；一种是在网站内部嵌入数据库文件，适用于开发轻量级程序，或者大型程序的初始阶段。我们选择后者来构建个人计划管理系统。

创建过程如下。

对于已经存在的网站，尤其是刚刚创建不久的网站，我们可以在 Visual Studio 2015 界面上的起始页"最近"中直接点击打开。如图 7-5 所示。

图 7-5　Visual Studio 2015 启动后的起始页

当然，选择"文件(F)"菜单"打开(O)"子菜单中的"网站(E)..."命令则可以打开任何一个本地已经存在的网站，包括从外部拷贝或保存的 ASP.NET 网站文件夹，如图 7-6 所示。

图 7-6　打开网站命令

在打开的网站根目录上单击右键，依次选择"添加(D)"-"添加 ASP.NET 文件夹(S)"-

"App _ Data(A)"命令。如图 7-7 所示。

图 7-7　创建 App _ Data 文件夹

"App _ Data"文件夹是 .NET 平台下,在创建网站时存放应用程序的本地数据库的专用文件夹。它通常以文件(如 Microsoft Access 或 Microsoft SQL Server Express 数据库、XML 文件、文本文件以及应用程序支持的任何其他文件)形式包含数据存储。该文件夹是 ASP.NET 提供程序存储自身数据的默认位置。

需要注意的是,默认 ASP.NET 账户被授予对文件夹的完全访问权限。如果要改变 ASP.NET 账户,一定要确保新账户被授予对该文件夹的读/写访问权。

"App _ Data"文件夹创建网站完成后就可以添加数据库文件了,方法是在文件夹上单击右键,依次选择"添加(D)"-"SQL Server 数据库"命令。如图 7-8 所示。

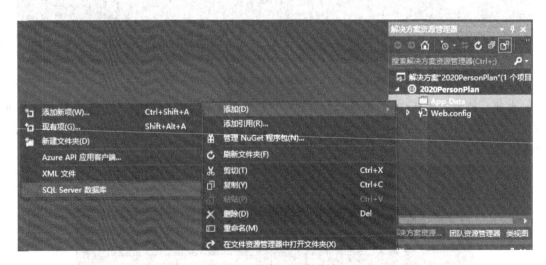

图 7-8　创建 SQL 数据库

在弹出的对话框中要为数据库文件命名,这里我们将默认的名称"Database"替换成"Plan"。如图 7-9 所示。

这样,数据库文件就创建好了,接下来可以创建数据表了。

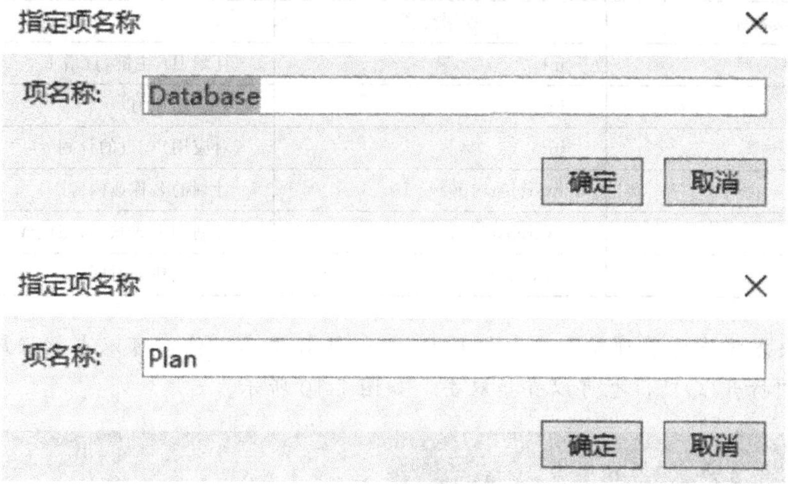

图 7-9 数据库文件命名

7.3.3 创建数据表

【例 7-3】 通过之前章节的学习，我们能够了解到：数据库以表为组织单位来存储数据，表中的每个字段都有对应的数据类型。根据表字段所规定的数据类型，可以向其中填入数据，而表中的每条数据都称为记录。互联网世界就是数据世界，所以，数据库与其中包含的数据表作为存储数据的主要方式具有相当重要的意义。软件开发的结果之一就是通过程序来操作数据库的数据表中存储的记录。

创建过程如下。

根据程序功能的设定，本项目的数据表有三个，暂时可按如下要求来构建字段。如表7-1～表 7-3 所示。

表 7-1 用户表（Users）

字段名称	数据类型	说明
UserID	int	用户 ID,主键,自增 1
UserName	nvarchar(50)	用户登录名称
Password	nvarchar(50)	用户登录密码

表 7-2 计划类型表（Sorts）

字段名称	数据类型	说明
SortID	int	计划类型 ID,主键,自增 1
UserID	int	对应用户 ID
SortName	nvarchar(50)	计划类型的名称
Intro	nvarchar(100)	计划类型的说明

表 7-3　计划表（Plans）

字段名称	数据类型	说明
PlanID	int	计划 ID，主键，自增 1
UserID	int	对应用户 ID
SortID	int	对应用户 ID 的计划
PlanName	nvarchar(100)	计划的名称或内容
PlanStatus	nvarchar(50)	计划的完成状态，完成或未完成
CreatedTime	datetime	计划创建的时间

在"解决方案资源管理器"中，打开 Plan.mdf 数据库文件。可以在数据库文件上单击右键，选择"打开(O)"，也可以直接双击。如图 7-10 所示。

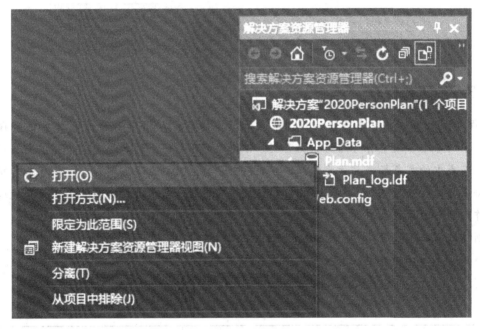

图 7-10　打开数据库文件

服务器资源管理器会随着数据库文件的打开而出现在屏幕右侧，可以认为这里是 Visual Studio 2015 中内置的 SQL Server，使用方式也与之高度相似，在这里我们可以进行与数据库有关的各类操作。比如对我们来讲目前最重要的是创建数据表工作，只需要我们在"表"选项上单击右键，选择"添加新表(T)"命令即可，如图 7-11 所示。

以"用户表（Users）"为例，我们在数据表设计器中按要求设定好各个字段就完成了表的创建，如图 7-12 所示。

需要注意的是带有"小钥匙"标识的主键，如"UserID"列，应在属性面板中将其"是标识"属性调整为"True"，对应的"标识增量"和"标识种子"两个属性会自动设置成 1，如果没有特殊情况，这两个属性的值保留为 1 即可。如图 7-13 所示。

为了之后的程序测试使用，我们可以在用户表中手动添加几条用户信息，比如用户"admin"，对应的密码是"111111"；用户"zhangsan"，对应的密码是"123456"；用户"Tom"，对应的密码是"222222"。如图 7-14 所示。

图 7-11　添加新表

图 7-12　设计表

图 7-13　主键的标识属性设置

图 7-14　录入测验性质的原始数据

在添加数据信息的过程中，我们可以观察到主键的内容是自动添加的。之后的其他几个表也相应地按自己的意愿添加几项数据，便于在编写程序代码时操作与调试。这里就不再赘述。

7.3.4　创建实体类

【例 7-4】　实体类就是描述业务实体的"类"。整个应用系统业务所涉及的对象都可以看作是业务实体，从数据存储的角度来看，业务实体对应的就是系统中的信息数据表。将每一个数据表中的字段定义成属性，并将这些属性封装起来，就形成了实体类，主要用以在各层间传递数据。在 ASP. NET 网站中添加任何种类都首先要添加"App_Code"文件夹。

创建过程如下。

"App_Code"文件夹是 ASP. NET 平台下类的专属存储位置。必须位于根目录下，用来存储所有应当作为应用程序一部分的动态编译类文件。这些类文件自动连接到应用程序，而不需要在页面中添加任何显式指令或声明来创建依赖性。该文件夹中放置的类文件可以包含任何可识别的 ASP. NET 组件——自定义控件、辅助类、build 提供程序、业务类、自定义提供程序、HTTP 处理程序等。在网站根目录上单击右键，依次选择"添加(D)"-"添加 ASP. NET 文件夹(S)"-"App_Code(D)"命令，即可完成。如图 7-15 所示。

图 7-15　创建 App_Code 文件夹

添加好"App_Code"文件夹后，需要注意的是，类有各种不同的用途或类型，尤其是在分层结构中，所以可以进一步在该文件夹下创建文件夹用以分别存储不同的类。这里，我们创建一个"Model"文件夹来存储实体类，之后根据需要还会创建其他自定义文件夹。方法不再赘述，参照图 7-16 即可。

图 7-16　创建文件夹

如图 7-17 创建好"Model"文件夹后，参照图 7-18 添加 3 个类，分别命名为"Users""Sorts"和"Plans"。

图 7-17　创建 Model 文件夹

图 7-18　创建类

这些类的具体内容在编辑上没有顺序之分，先写哪个都可以，方式、方法与内容也基本一致，这也体现了同一种"类"的相同特点。以"Users.cs"类为例，打开后在构造函数下面编辑添加如下代码（图7-19）：

```
private int userid;                    //私有变量
private string username;               //私有变量
private string password;               //私有变量
public int UserID                      //公有变量(即属性)及方法
{
    get {return this. userid;}         //读取值
    set {this. userid=value;}          //设置值
}
public string UserName                 //公有变量(即属性)及方法
{
```

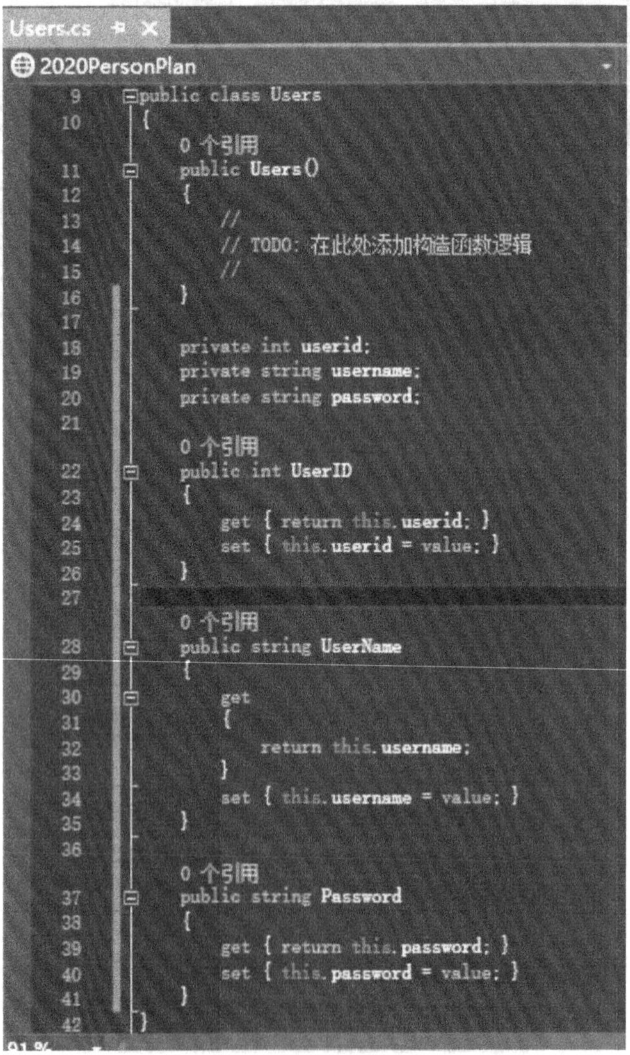

图 7-19　编辑 Users 实体类

```
        get {return this. username; }
        set {this. username=value; }
    }
    public string Password                        //公有变量(即属性)及方法
    {
        get{return this. password; }
        set{this. password=value; }
    }
```

以此类推，其余两个实体类也按照这种方法进行设置。可以参考图 7-20 和图 7-21。

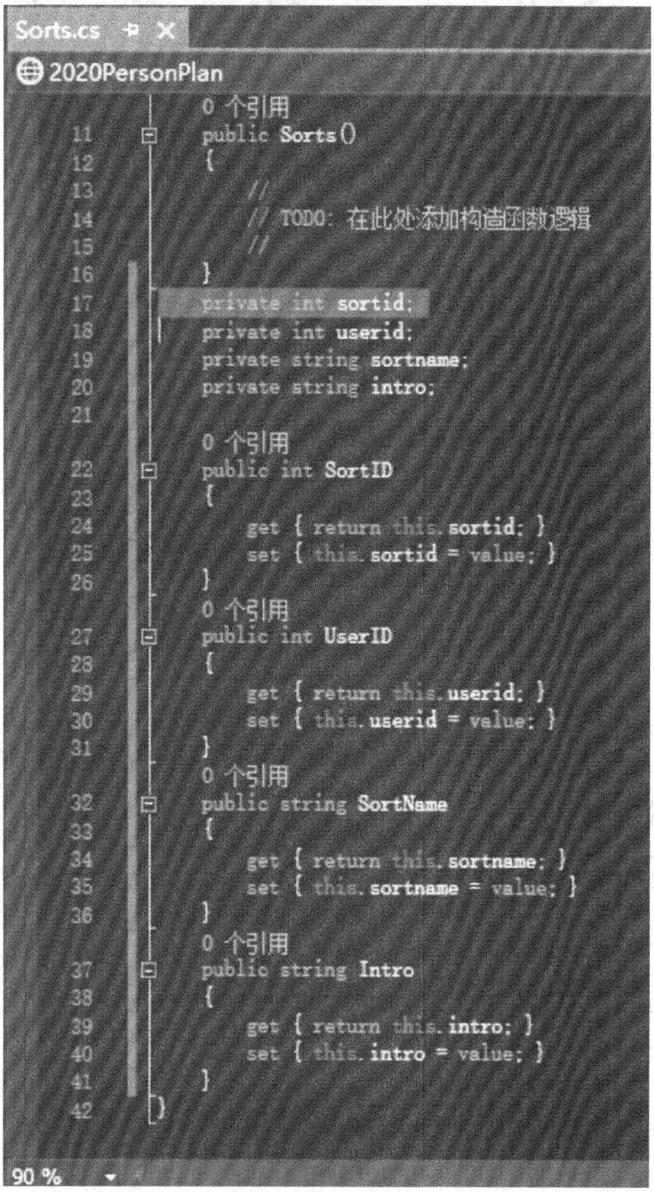

图 7-20　编辑 Sorts 实体类

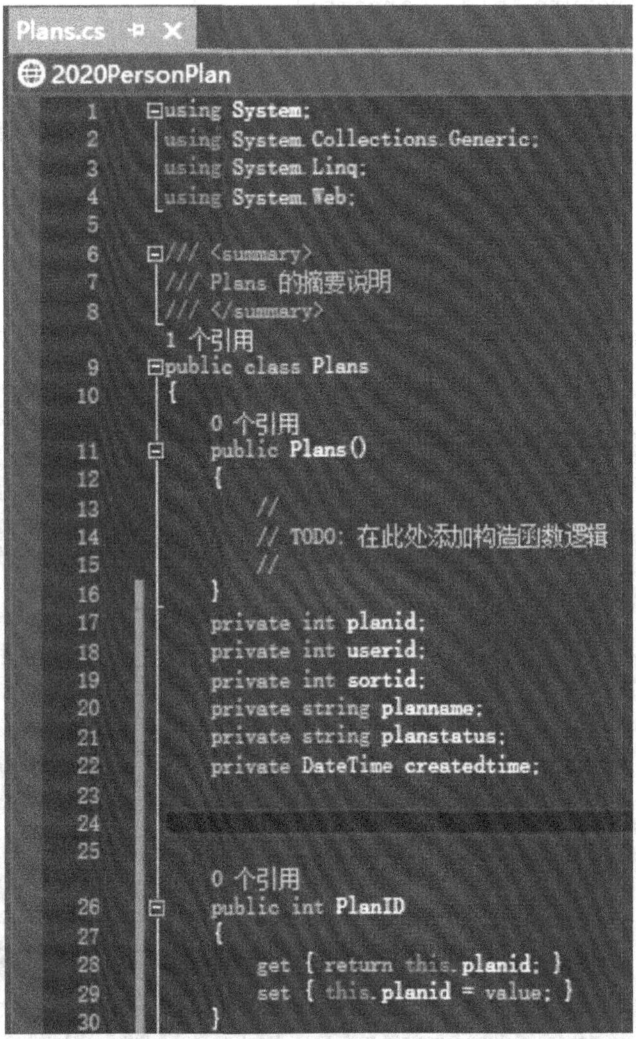

图 7-21　编辑 Plans 实体类

　　至此，实体类已经基本创建好了，接下来可以开发数据访问层的代码了。

7.3.5　开发数据访问层

　　【例 7-5】　数据访问层（data access layer，DAL）就是实现对数据表的查询（select）、插入（insert）、更新（update）及删除（delete）等操作的功能模块。使数据库操作对其他层来说是透明的。比如业务逻辑层（BLL）不需要知道我们操作的数据库是 Oracle 还是 SQL Server 或其他数据库类型。所以，这一层将直接面对数据。

　　开发过程如下。

　　数据访问层的代码当然也需要写在"App_Code"文件夹下，为了与实体类进行区分，我们可以创建一个"DAL"子文件夹来存放相关文档。

　　如果要进行数据访问，首先要解决的问题就是与数据的连接。在我们的项目中是要与系统内的数据库文件进行连接，当然也可以与数据库服务器连接，这取决于程序的需要。而在 Visual Studio 中实现这一功能最好的方式是确定好连接字符串，并以固定的方式存储。作为一串代码，连接字符串虽然可以写在数据访问层的每一个类中，但这样一来往往意味着代码冗余，同时也给维护工作带来压力。为解决这一问题，我们可以采取 Visual Studio 中提供的专门用以存放连接字符串的方式来实现减少代码数量并方便维护的目的，这种方式就是将连接字符串放置在"Web. config"文件中的特定位置，并用特定的格式书写。

Web. config 文件是一个 XML 文本文件，用来存储 ASP. NET Web 应用程序的配置信息（如最常用的设置 ASP. NET Web 应用程序的身份验证方式），可以出现在应用程序的任意一个目录中。当你通过 . NET 新建一个 Web 应用程序后，默认情况下会在根目录自动创建一个 Web. config 文件，包括基本的配置信息，所有的子目录都会继承它的配置。如果想修改子目录的配置，可以在该子目录下新建一个 Web. config 文件，提供除从父目录继承的配置信息以外的专属配置，也可以修改父目录中的设置。在运行时对 Web. config 文件的修改不需要重启服务就可以生效。该文件是可以扩展的。用户可以自定义配置参数并编写配置节处理程序。

打开 Web. config 文件，如图 7-22 所示。

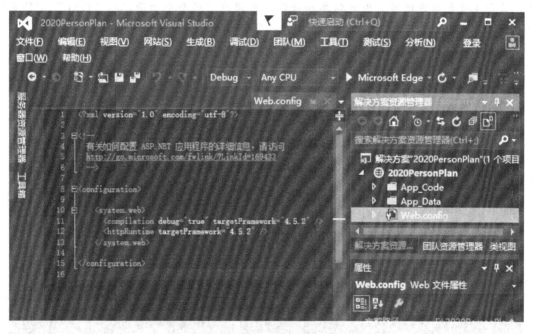

图 7-22　系统自动创建的 Web. config 文件

Web. config 文件节配置过程大致可分为两步：一是在配置文件顶部和标记之间声明配置节的名称和处理该节中配置数据的 . NET Framework 类的名称；二是在区域之后为声明的节做实际的配置设置。这里，我们在〈configuration〉中增加〈connectionStrings〉节点，用来存储数据库的连接字符串。具体代码编辑后的状况如图 7-23 所示。

具体代码参考如下，注意区分大小写：

```
〈connectionStrings〉
〈add name = "conntoPlanDB" connectionString = "Data Source = (LocalDB) \
MSSQLLocalDB;AttachDbFilename = |DataDirectory|\Plan. mdf; Integrated Se-
curity=True;Connect Timeout=30" providerName= "System. Data. SqlClient" /〉
〈/connectionStrings〉
```

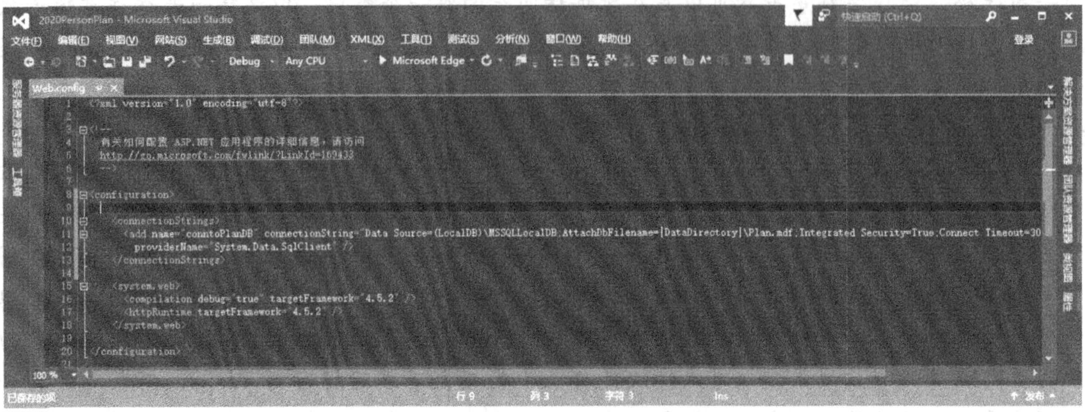

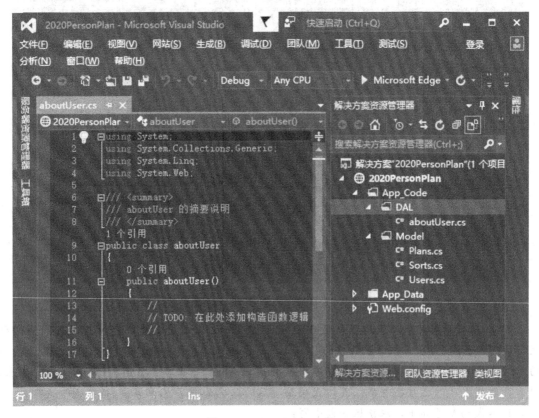

图 7-23　增加数据库连接字符串节点

这样配置完成后，我们就可以在数据访问层的类中进行访问了，比如关于用户表的操作，目前主要包括返回当前用户信息和修改当前用户密码两个功能，在"DAL"文件夹中创建一个"aboutUser.cs"类来实现即可。如图 7-24 所示。

图 7-24　aboutUser.cs 类

在构造函数下，创建一个私有的静态变量，引用 Web.config 文件中的连接字符串，代码如下：

```
private static string connstr = System.Configuration. Configuration-
Manager. ConnectionStrings["conntoPlanDB"].ConnectionString;
```

之后，根据功能要求，创建用于系统登录和修改密码时的对应方法，代码参考如下。

```
public static Users sysLoad(string unm) //系统登录时返回用户信息
{
    using (SqlConnection Conn=new SqlConnection(connstr))
    {
        Conn.Open();
        using (SqlCommand Comm=Conn.CreateCommand())
        {
            Comm.CommandText="SELECT * FROM Users WHERE UserName=@ UserName";
            Comm.Parameters.AddWithValue("@ UserName",unm);
            using (SqlDataReader dr=Comm.ExecuteReader())
            {
                if (! dr.Read())
                {
                    return null;
                }
                else
                {
                    Users u1=new Users(); //Users 对象实例化
                    u1.UserID=(int)dr["UserID"];
                    u1.UserName=(string)dr["UserName"];
                    u1.Password=(string)dr["Password"];
                    return u1;
                }
            }
        }
    }
}

public static void pwdEdit(string pwd) //修改密码
{
    using (SqlConnection Conn=new SqlConnection(connstr))
    {
        Conn.Open();
        using (SqlCommand Comm=Conn.CreateCommand())
        {
            Comm.CommandText="UPDATE Users SET Password=@ password";
            Comm.Parameters.AddWithValue("@ password",pwd);
            Comm.ExecuteNonQuery();
```

```
            }
        }
    }
```

具体代码编辑状态可参考图 7-25。

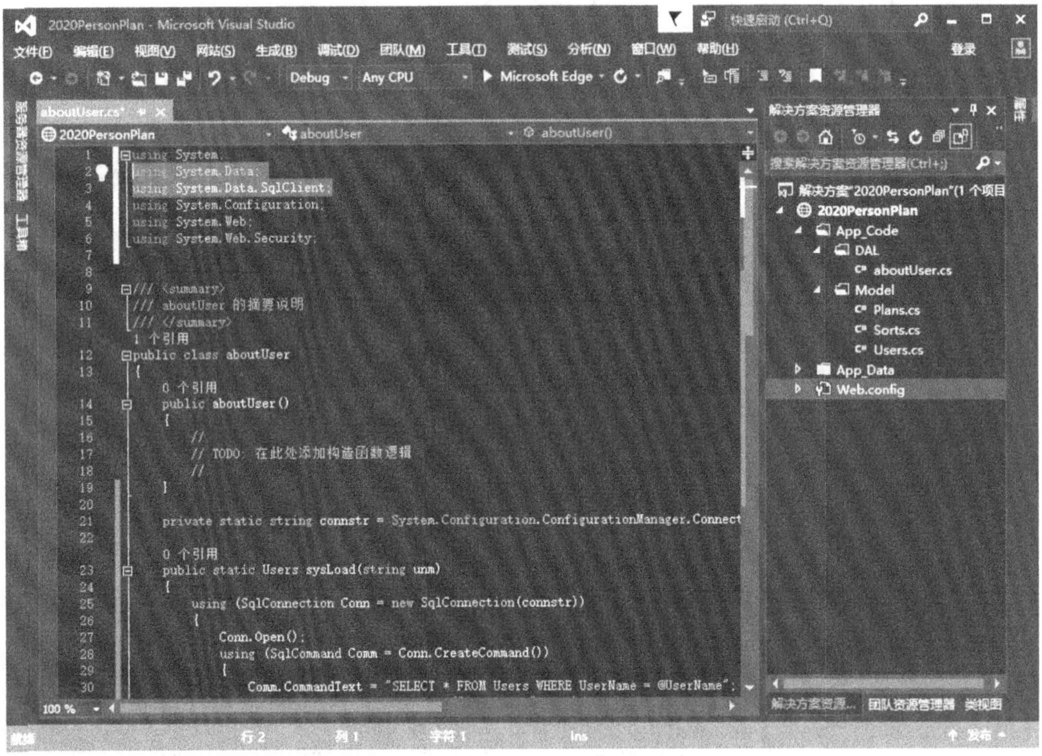

图 7-25　aboutUser.cs 类代码完善状态

　　这里需要格外注意的是，由于要对数据进行操作，所以首部的命名空间中要引用"using System.Data；"和"using System.Data.SqlClient；"两项，否则相关的对象和方法是无法调用的，比如"SqlConnection"和"SqlCommand"。同时我们也可以看到之前定义的实体类在代码中作为对象进行了实例化，承担返回值的作用。

　　根据目前系统功能的设定，其余两个表的数据都涉及增删改查等操作，我们可以继续创建"aboutSort.cs"和"aboutPlan.cs"两个类，按照实际需求，有针对性地进行代码编辑。当然，命名空间的引用和连接字符在 DAL 的每个类中都有基本相同的定义。接下来，就可以开发业务逻辑层的代码了。

7.3.6　开发业务逻辑层

　　【例 7-6】　业务逻辑层（business logic layer，BLL）是系统架构中体现核心功能的部分。它的关注点主要集中在业务规则和业务流程的实现等与需求有关的系统设计上。也就是说它是与系统所对应的领域（domain）逻辑有关。业务逻辑层负责系统领域业务的处理，负责逻辑性数据的生成、处理和转换，并确保输入数据的正确性。业务逻辑层处于数据访问层与用户表现层中间，起到了数据交换中承上启下的作用。

　　开发过程如下。

在本项目中，我们参照以往，在"App_Code"文件夹中创建一个"BLL"子文件夹，用以存放业务逻辑层的相关文档。通过梳理能够了解到，我们的"个人计划管理系统"主要业务有三大项：分别是"计划分类管理功能""计划管理功能"和"用户管理功能"。相比较而言，本项目在业务逻辑方面其实很简单，最为复杂的业务反倒体现在了用户登录功能上，这也在业务逻辑的代码上体现得很明显。为了突显其功能的重要性，我们可以把用户的密码修改功能整合到用户登录中，创建一个"UserLoad.cs"类对其进行封装。再分别创建"SortManager.cs"和"PlanManager.cs"两个类，最终体现系统全部业务内容。

以"SortManager.cs"为例，在构造函数下，添加如下代码：

```
public static IList<Sorts>GetAllSorts()
{
    //系统应完善到对数据表是否为空的判断,并将结果反馈给用户
    return aboutSort.getAllSorts();
}
public static void DeleteSort(Sorts Sort)
{
    aboutSort.delSort(Sort);
}

public static void UpdateSort(Sorts Sort)
{
    aboutSort.upSort(Sort);
}
public static string InsNewSort(Sorts Sort)
{
    if (aboutSort.insSort(Sort))
    {
        return "分类\""+ Sort.SortName+ "\"成功创建";
    }
    else
    {
        return "该分类已存在";
    }
}
```

可以看到，除"增加分类"功能稍有变化以外，其余功能都直接调用了数据访问层中对应的方法。继续编辑"PlanManager.cs"文件，也依然如此，代码如下：

```
public static IList<Plans>GetAllPlans()
{
    return aboutPlan.getAllPlans();
}
public static void UpdatePlan(Plans pc)
```

```
        {
            aboutPlan. updatePlan(pc);
        }
        public static void DelPlan(Plans plan)
        {
            aboutPlan. delPlan(plan);
        }
        public static void DelPlan(int planid)
        {
            aboutPlan. delPlan(planid);
        }
        public static string InsNewPlan(Plans np)
        {
            aboutPlan. insPlan(np);
            return "新计划成功创建!";
        }
    }
```

"UserLoad. cs"对应的用户登录功能中整合了密码修改，也仅仅是两条语句而已，但用户登录本身的确有些复杂，因为本系统是一个多用户系统，同时又要在登录过程中识别用户的操作并反馈给用户诸如密码错误、用户不存在等信息，所以需要判断的情况很多，详细代码如下：

```
        public static bool isUser(string UN,string PD,out string Meg)
        {
            if (UN. Trim()=="" || PD. Trim()=="")
            {
                Meg= "用户名或密码均不能为空";
                return false;
            }
            Users user=aboutUser. sysLoad(UN);
            if (user==null)
            {
                Meg= "该用户不存在";
                return false;
            }
            else
            {
                if (user. Password ! =PD)
                {
                    Meg= "密码错误";
                    return false;
                }
```

```
        else
        {
            Meg=user.UserID.ToString();
            System.Web.HttpContext.Current.Session.Add("userid",
user.UserID.ToString());
            return true;
        }
    }
}


public static string PwdEdit(string Pwd)
{
    aboutUser.pwdEdit(Pwd);
    return "密码修改成功！请牢记！";
}
```

至此，系统的全部功能代码开发完成，接下来可以构建用户表现层，实现用户访问。

7.3.7 构建用户表现层

【例 7-7】用户表现层（user interface layer，UIL 或 UI）是系统架构中提供用户接口的模块。对于程序开发者强调的是系统功能，对于设计师注重的是用户体验，二者的完美结合才能够呈现出高水准系统开发效果。可以说这一层是真正意义上的"跨专业"合作成果。由于本项目侧重于系统开发，所以不详细介绍 HTML、CSS 和母版页等概念或技术，大家在练习过程中仅需将控件放置在页面上，然后添加代码实现功能即可，不必在意与本节呈现的效果上的差异。

构建过程如下。

首先，我们在网站的根目录上单击右键，选择"添加(D)"菜单中的"添加新项(W)..."命令，如图 7-26 所示。

图 7-26 添加新项命令

再在弹出的对话框中选择"Web 窗体"一项，在"名称"文本框中，为了练习使用方式，我们可以将默认文件名的前缀修改成"index""default"和"index"（常用的网站首页名称），但要注意扩展名不能修改。如图 7-27 所示。

图 7-27　添加 Web 窗体

在构建页面的过程中，"工具箱"和"属性"两个面板是我们经常需要接触的，分别用来添加和调整控件。如图 7-28 所示。

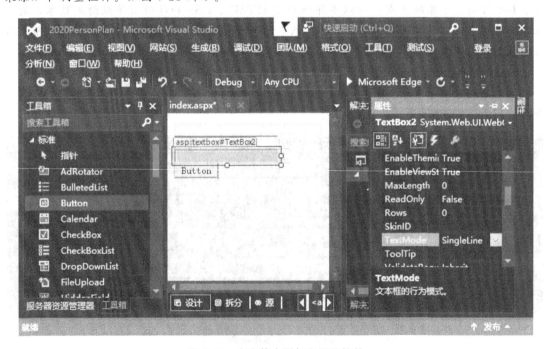

图 7-28　在窗体中添加和调整控件

这里，我们将根目录下创建好的"index.aspx"当作网站首页，其余的功能分别按需求创建页面，一个功能要对应一个页面，即"Web 窗体"。如果我们想看具体效果，可以在某个窗体名称上单击右键，选择"在浏览器中查看"命令，只有"Web 窗体"才能够在浏览器查看，如图 7-29 所示。

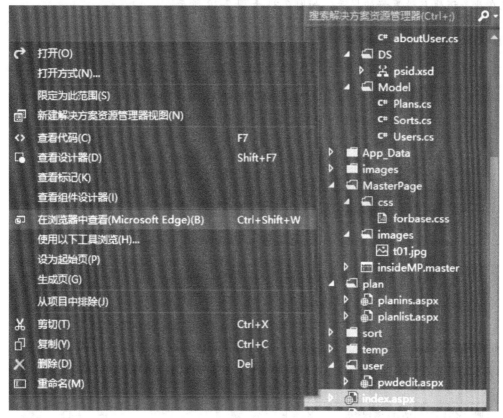

图 7-29　准备在浏览器中查看窗体

图 7-30　作为登录页面的首页

本系统的效果，可以通过一个个有内在逻辑联系的窗体直观地呈现出来，比如，经过改造后的首页如图 7-30 所示。

可以按此前我们在数据库中输入的用户名和密码进行登录，如果我们输入有错误，则会出现在业务逻辑层设置好的提示，如图 7-31 和图 7-32 所示。

图 7-31　用户名错误

图 7-32　密码错误

尝试输入正确的用户名和密码，即可跳转到计划管理页面，如图7-33所示。

图 7-33　计划管理页面

点击上方的功能按钮，则可以依次查看对应的功能，如图7-34和图7-35所示。

图 7-34　分类管理页面

图 7-35　密码修改页面

至此，完成系统开发工作，接下来应该进行的是安全测试和系统生成工作，然后就可以在服务器上使用。从项目的开发过程中，我们了解了三层构架的基本理念，之后可以尝试按照这一理念设计并开发一些新的应用。

7.4 巩固与提高

经过大家的努力，我们的程序已经开发完成了，这个程序虽然有一定的实用价值，但其实仍有很大的提升空间，比如，用户管理方面不具备注册新用户的功能，另外，也没有能够从整体上进行调控的管理员账号等。当然，还有很多细节上的问题，你是否能够想到？

这里，大家就从"新用户注册"功能开始，运用我们所学的知识，对系统进行改造，提示大家一点：这项工作会涉及三层架构每一层代码的扩充，主要包括方法的创建。当大家独立完成这项功能的扩充后就可以认为真正掌握了三层架构的应用。加油吧！

记一记：

7.5 课后习题

（1）以下所示的文件名后缀中只有（　　）不是静态网页的后缀。

A．.html　　　　　　B．.shtml　　　　　　C．.htm　　　　　　D．.aspx

（2）下列文件名后缀中，只有（　　）不是动态网页的后缀。

A．.jsp　　　　　　B．.xml　　　　　　C．.aspx　　　　　　D．.php

（3）下列选项中，只有（　　）是错误的。

A．ASP.NET 提供了多种语言支持　　　　B．ASP.NET 提供了多种平台支持

C．ASP.NET 提供跨平台支持，也可以在 Unix 下执行

D．ASP.NET 采取编译执行的方式，极大地提高了运行的性能

（4）下列选项中，哪一个是.NET 应用的基础？（　　）

A．公共语言运行类　　B．虚拟机　　　　　C．类库

（5）下列选项中（　　）是错误的。

A．所有的 VS.NET 语言都共享相同的集成开发环境

B．VS.NET 允许创建不同类型的应用程序

C．VS.NET 依赖 XML 并通过 Web 保存、发送和接收数据

D．以上都不对

（6）下列选项中，只有（　　）不是公共语言运行时提供的服务。

A. 公共类型系统　　　　　　　　　　B. 公共语言规范

C. NET Framework 类库　　　　　　　D. 垃圾回收器

（7）下列选项中，只有（　　）不是 Page 指令的属性。

A. codepage　　　B. debug　　　C. namespace　　　D. language

（8）下列给出的变量名正确的是（　　）。

A. float void　　　　　　　　　　　B. char static

C. int . 1　　　　　　　　　　　　　D. char _ using123 _ bat

（9）下列数据类型属于值类型的是（　　）。

A. struct　　　B. class　　　C. interface　　　D. delegate

（10）下列数据类型属于引用类型的是（　　）。

A. enum　　　B. struct　　　C. string　　　D. bool

（11）下列运算符中（　　）具有 3 个操作数。

A. ≫＝　　　　　　B. ++　　　　　C. ?:　　　　　D. &&

（12）下面属于条件语句的是（　　）。

A. for　　　B. if else　　　C. while　　　D. continue

（13）如果类名为 Myclass，那么（　　）可以作为它的构造函数。

A. ～Myclass()　　　　　　　　　　B. Myclass(double a)

C. ～Myclass(double a)　　　　　　　D. void Myclass()

（14）下面对于抽象类描述不正确的是（　　）。

A. 抽象类只能作为基类使用　　　　　B. 抽象类不能定义对象

C. 抽象类可以定义实例对象　　　　　D. 可以实现多态

（15）下面控件中，（　　）可以将其他控件包含在其中，所以它常用来包含一组控件。

A. AdRatator 控件　　　　　　　　　B. Button 控件

C. Panel 控件　　　　　　　　　　　D. Wizard 控件

（16）下面对 Wizard 控件方法说法正确的是（　　）。

A. ActiveStepChange 单击侧栏区域中的按钮时发生

B. CancelButton 单击取消按钮时发生

C. NextButtonClick 单击上一步按钮时发生

D. FinishButtonClick 单击下一步按钮时发生

（17）下面对服务器验证控件说法正确的是（　　）。

A. 可以在客户端直接验证用户输入，并显示出错信息

B. 服务器验证控件种类丰富，共有十多种

C. 服务器验证控件只能在服务端使用

D. 各种验证控件不具有共性，各自完成功能

（18）RegularExpressionValidator 控件中可以加入正则表达式，下面选项对正则表达式说法正确的是（　　）。

A. "."表示任意数字　　　　　　B. "＊"和其他表达式一起，表示任意组合

C. "[A-Z]"表示 A～Z 有顺序的大写字母　　D. "/d"表示任意字符

参 考 文 献

[1] 唐大仕 . C# 程序设计教程：2 版 [M] . 北京：北京交通大学出版社，2018.

[2] 郑阿奇，梁敬东 . C# 程序设计教程：3 版 [M] . 北京：机械工业出版社，2019.

[3] 曾建华 . Visual Studio 2015（C# ）Windows 数据库项目开发 [M] . 北京：电子工业出版社，2019.